叶枫/著

情商

中国华侨出版社
北京

>>> 前言
PREFACE

1983年心理学家霍华德·加德纳在《精神状态》一书中提出人有"多元智慧",开启了情商学说的先河。1991年心理学家彼得·萨洛维和新罕布什尔大学的约翰·梅耶首创EQ(情商)一词。1995年美国著名心理学家丹尼尔·戈尔曼出版《情绪智力》一书,EQ在美国掀起轩然大波,并逐渐风靡全世界。丹尼尔·戈尔曼曾说:"使一个人成功的要素中,智商只占20%,而情商却占80%。"大量的事实证明,情商是一个人获得成功的关键,而高情商者可以充分发挥潜能、有效调节情绪,可以与周围的人和环境保持良好的亲近度,因此会获得更多的机遇,从而提前实现自己的梦想。最负盛名的美国总统富兰克林·罗斯福、乔治·华盛顿和西奥多·罗斯福都是"二流智商、一流情商"的代表人物。约翰·肯尼迪和罗纳德·威尔逊·里根的智商只属中流,但却因为高情商被许多美国人誉为"最优秀、最可亲的领袖"。

情商不仅仅是开启心智大门的钥匙,更是影响个人命运的关键因素。一个人成功与否,受很多因素的影响,如教育程度、智商、人生观、价值观,等等。要作出明智的决定、采取最合理的行动、正确应对变化并最终取得成功，情商不但是必要的，而且是至关重要的。在风靡全球的电影《阿甘正传》中，阿甘只是一位智商只有75的傻小子，但带有传奇色彩的是，无论在体坛、战场、商界，还是爱情上，成功总伴随着他。这个故事在一般人眼里只是个"虚构的传奇"，也称得上是对"傻人有傻福"的经典诠释。可是，我们从他做人的原则看来，阿甘的成功，有其终极原因，那就是他常说的一句话："妈妈告诉我，人生就像一盒巧克力，你不知道下一个会尝到什么味道。"这其实就是情商的巨大力量。

可见，"情商"是个体最重要的生存能力，是一种发掘情感潜能、运用情感能力影响生活的各个层面和人生未来的品质要素。"情商"是一种洞察人生价值、揭示人生目标的悟性，是一种克服内心矛盾冲突、协调人际关系的技巧，是一种生活智慧。所以，我们有理由说：高情商的人比高智商的人更容易获得成功。

然而，不同于智商，情商不是与生俱来的，高情商可以通过后天努力创造出来。提高情商的过程，其实就是一种自我丰富、自我认知的过程。本书就是一部有关如何发掘情感潜能和如何运用情感能力来影响生活的书，从发现情商、了解自我、管理自我、激励自我、培养成功的习惯、挖掘自身的潜能、情商教育、情商影响力、情商与人们的社会生活关系等方面，系统而深入地阐述了情商的相关理论，提出了很多可以帮助读者提高情商的具体措施，让读者在轻松的阅读中，切身感受到情商带给自己的深刻体悟与巨大能量，学会更好地驾驭自己的情绪，把握自己的人生，成就美好的未来。

>>> 目 录
CONTENTS

第一章 为什么情商比智商更重要

第一节 情商的本质……………………………… 2
　　人生最重要的一课：情商　//2
　　情商是一种"综合软技能"　//6

第二节 智商决定成绩，情商决定命运………… 10
　　情商与智商：人生的左膀右臂　//10
　　聪明人≠成功者　//13
　　智商诚可贵，情商"价"更高　//15

第三节 影响情商高低的4种能力……………… 18
　　控制自我情绪的能力　//18
　　自我激励的能力　//22
　　识别他人情绪的能力　//25
　　人际交往的能力　//28

第二章
情商与自我认知

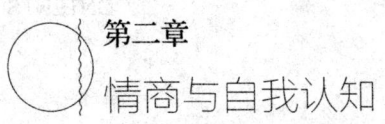

第一节　敢于认识你自己…………………………… 32

　　自知之明让你情商更高　// 32

　　出色源于本色　// 35

　　利用周围的人来认识自己　// 38

第二节　接纳真实的自我…………………………… 41

　　你是上帝"咬过的苹果"　// 41

　　不要太在乎别人对你的看法　// 44

　　接受现实是成熟的标志　// 47

第三节　战胜自卑，拥有自尊的力量………………… 52

　　不要认为自己不可能　// 52

　　相信自己的人，才能把自卑打倒　// 55

　　自尊是必有的骄傲　// 57

第三章 情商与情绪控制

第一节 控制情绪，从来都不靠忍……………… 62
  你是情绪的奴隶吗 // 62
  情绪产生的原因及种类 // 65
  控制自我是高情商的体现 // 68
  情绪具有感染力 // 71

第二节 优秀的人，从来不会输给情绪……………… 75
  踢走"负面情绪"这个绊脚石 // 75
  控制冲动这个"魔鬼" // 77
  为情绪找一个出口 // 80

第三节 用情商激活无限潜能……………… 85
  告诉自己：你比想象中的更优秀 // 85
  你挖到自己的潜能宝藏了吗 // 88
  探索潜意识的奥秘 // 91

第四章
影响一生的沟通艺术

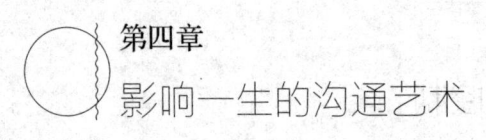

第一节 所谓情商高,就是会沟通 …………… 95
    学会换位思考 // 95
    站在对方的角度看问题 // 98
    有效沟通,才能真正"知彼" // 102

第二节 高情商的交际技巧 …………………… 106
    让别人喜欢你 // 106
    开启第一印象的钥匙——仪表 // 110
    个性的吸引力 // 112
    赞美的影响力 // 115

第三节 情商与影响力 ………………………… 119
    情商与影响力 // 119
    传递给别人积极的情绪 // 122
    影响别人,从用心开始 // 125

第五章
情商与领导力：决定你人生高度的管理情商

第一节　管理情商的艺术……………………………… 130
　　　　让团队动起来：激发公司活力的鲶鱼效应 // 130
　　　　战斗让团队化危机为机遇 // 133

第二节　高情商造就高效能领导力……………… 137
　　　　你的情商决定这支队伍的气势 // 137
　　　　火车跑得快，全靠车头带 // 141
　　　　耳聪目明，不拘一格，唯才是举 // 144

第三节　高情商领导者的必备特质……………… 148
　　　　平易近人，多一个朋友多一条路 // 148
　　　　分清局势，展现出类拔萃的能力 // 151
　　　　思维活跃，成为团队真正的智囊 // 154

第六章
情商修炼：成为一个情商高手

第一节　逆境情商：扛得住，世界就是你的 … 158
　　人生之路不会一帆风顺　// 158
　　决定成败的是面对困境的心态　// 162
　　挫折不等于失败　// 165

第二节　事业情商：成功少不了情商的助力 … 167
　　情商高的人易于成功　// 167
　　绝不做情绪决策　// 171

第三节　情爱情商：好爱情是经营出来的………… 174
　　爱要用沟通来表达　// 174
　　理解对方的角色转换　// 177
　　懂得控制负面情绪　// 179

第一章
为什么情商比智商更重要

第一节

情商的本质

人生最重要的一课：情商

　　1990年，一个新的心理学概念的提出在世界范围内掀起了一场人类智能的革命，并引起了人们旷日持久的讨论，这就是美国心理学家彼得·萨洛维和约翰·梅耶提出的情商概念。1995年10月，哈佛大学心理学博士、美国《纽约时报》的专栏作家丹尼尔·戈尔曼出版了《情感智商》一书，把情感智商这一研究成果介绍给大众，该书也迅速成为世界范围内的畅销书。

　　丹尼尔·戈尔曼说："成功是一个自我实现的过程，如果你控制了情绪，便控制了人生；认识了自我，就成功了一半。"这句话影响着一代又一代的哈佛人，如果你拥有了高情商，那么你就可以让心中时时充满绿意。

　　随着人类对自身能力认识的深入，越来越多的人开始认识到在激烈的现代竞争中，情商的高低已经成为人生成败的关键。作为掌握情商知识的受益者，美国总统布什说："你能调动情绪，就能调动一切！"

　　不知大家有没有注意到：有些人物质生活虽然不富有，但是看起来幸福满足，生活中充满了欢笑和友谊；而那些相对富有的人却经常在抱怨生活的不公，总在花大把的时间跟每个人倾诉：为什么他们的处境这样不好。

学术、事业和物质生活的成功一定是幸福所必需的吗？一个人有多成功和一个人到底有多幸福，二者之间的矛盾我们应该怎么来解释？答案就是情商———一种了解和控制自身和他人情绪能力。有了它你就可以把握说话做事的分寸，去促成想看到的结果。那么什么是情商呢？

"情商"就是情绪智慧。但这样的答案显然过于简略，要想更深入地认识情商，就有必要了解情商与智商的关系，因为在某种程度上，情商概念是作为智商的对立面提出的。戈尔曼在他的书中明确指出，情商不同于智商，它不是天生注定的，而是由下列5种可以学习的能力组成的。

★**了解自己情绪的能力**——能立刻察觉自己的情绪，了解情绪产生的原因。

★**控制自己情绪的能力**——能够安抚自己，摆脱强烈的焦虑、忧郁以及控制负面情绪的根源。

★**激励自己的能力**——能够整顿情绪，让自己朝着一定的目标努力，增强注意力与创造力。

★**了解别人情绪的能力**——理解别人的感觉，察觉别人的真正需要，具有同情心。

★**维系融洽人际关系的能力**——能够理解并适应别人的情绪。

心理学家认为，这些对情绪的把握能力是生活的动力，可以让我们的智商发挥更大的效应。所以，情商是影响个人健康、情感、人生成功及人际关系的重要因素。

情商的培养有利于你作出正确的选择，主导生活的各个领域。简单说，情商就是与自我、与他人和谐相处的能力，它更需要人们学会如何处理情绪。

★辨认情绪：情绪携带着数据信息，向我们暗示了身边正在发生的重要事件。我们需要准确地辨认自己和他人的情绪，来更好地传达自我的情绪，从而有效地与他人交流。

★运用情绪：感受的方式影响着思考的方式和内容。遇到重要的事情，情商确保我们在必要的时候及时采取行动，合理地运用思维来解决问题。

★理解情绪：情绪不是随意性的。它们有潜在的诱发因素，一旦理解了这些情绪，就能更好地了解周围正在发生和即将发生的事情。

★管理情绪：情绪传达着信息，影响着思维，所以我们需要巧妙地把理智与情感结合，才能更好地解决问题。不管它们受不受欢迎，我们都要张开双臂去选择、去接受积极情绪所促成的策略。

下面就用一个案例来说明一下，人们如何对情绪进行处理。

超市等着结账的队伍排得越来越长。玛格丽特大概排在队伍的第十位，因此她看不太清楚前面发生了什么事。只听到有人叫来主管，在开收款机进行检查，看来还得等很长时间。

玛格丽特等得有些不耐烦了，但是理智告诉她不能发火，因为她认为出现事故也不是收银员的错。时间过去了10分钟，收款机还没有修好，这时队伍远处有喊叫声。队伍前面有个男子在骂收银员和主管："你们是什么专业素质啊！这么大的超市怎么会犯这种低级的错误呢？你不会修好收款机啊？没看见队伍有多长吗？我还有事，太可恶了。"

收银员和主管只好道歉，说他们已经在尽力维修了，建议男子换个收款台。"为什么我要换啊?是你们的错,又不是我的错,浪费我的时间,我要给你们领导写信。"男子丢下满是物品的购物车,愤愤地离开了超市。

男子离开后一两分钟,又发生了三件事。为了不耽误这支队伍的顾客交款,超市在旁边又专门开了一个收款台;刚才坏了的收款机也修好了;为了表示道歉,主管给玛格丽特及这个队伍中的其他顾客每人5英镑的优惠券。

玛格丽特挺高兴的,买了东西还得了优惠。而那个愤怒的男子不但没购成物,没得到优惠券,还惹了一肚子的气。

在这个故事中,谁处理好了情绪?显然是玛格丽特,她虽然也生气了,但她没有发火,只是耐心地等待,她站在别人的角度分析了情况,而她前面那个愤怒的男子完全没有控制自己的情绪,也没有任何的社交技能。

《牛津英语词典》上说:"情绪是心灵、感觉、情感的激动或骚动,泛指任何激动或兴奋的心理状态。"简单来说,情绪是一个人对所接触到的世界和人的态度以及相应的行为反应,也就是快乐、生气、悲伤等心情,它不只会影响我们的想法和决定,更会激起一连串的生理反应。

情商是一种能力,是一种准确觉察、评价和表达情绪的能力;一种接近并产生感情,以促进思维的能力;一种调节情绪,以帮助情绪和智力发展的能力。这种能力的运用其实是一门艺术。

人的情绪体验是无时无处不在进行的,相信我们每个人都有过莫名其妙被某种情绪侵袭的经历。这些情绪体验既包括积极的情绪体验,也包括消极的情绪体验。并不是所有的情绪都是对人的行为有利的，所以，认识情绪，进而管理情绪，成为我们必须正视的课题，也是哈佛最重要的一课。

情商是一种"综合软技能"

我们把情商理解为一种"软技能"。与软技能相对应的硬技能通常是可以衡量的，如学习能力。在任何一个领域，衡量专业技能的标准就是证书和学位，而这些往往都具有很大的商业价值。大多数工作都是靠这些硬东西来评判能力，不论是在学术著作还是实践操作中，这些都表示我们达到了某个行业（如银行业、烹饪业、IT 行业、图书馆业等）所需的专业要求。学习这些技能大多数都需要付出很大的努力，目标也都很直接。你有固定的线路去选择学习那些技能。从初学者到专家，都有测试能力的等级考试。拿到学位和答辩过关就表示你已经达到目标、具有竞争力了。

21 世纪的生活竞争力越来越大，硬技能已经开始不够用了，雇主会要求雇员有高等级的"软技能"，如：

——与他人融洽相处的能力

——有效地领导团队（靠软硬兼施管理的日子已经过去）

——促进他人的进步和管理他人的知识

——自我成长

——人际交往能力强

——尽可能有效地运用认知（思考）能力

——面对困难时，依然保持活力

——积极处理批评和困境的能力

——在危机中保持冷静的能力

——作决定时,有理解和接受他人有效观点的能力

这些软技能统统可以归于情商。雇主之所以对雇员的情商感兴趣,原因很简单——你的高情商对他们的生意有好处。

我们知道情商有五大内容,均属于软技能,下面来详细分析一下这五大内容。

★自我认知的能力

认识自我包括的内容如下:我的身体外形——有什么优势,有哪些缺陷;我的情绪个性——是易冲动还是沉着;我的气质类型——胆汁质、多血质、黏液质、抑郁质;我有什么长处,什么短处……一些人会因为自己的高矮胖瘦而不能坦然面对自我,那么他的自我认知就出现了障碍。也有一些人对自己所扮演的角色、所处的位置认识不清,导致命运的悲剧发生。

★控制自我情绪的能力

情商的一个重要内容是控制自我,没有自制力的人终将一无所成,因为哪怕是一点儿的小刺激或小诱惑他都会抵制不了,进而深陷其中。控制自我情绪是一种重要的能力,是人区别于动物的重要标志。人是有理性的,而非依赖感情行事。托马斯·曼告诫人们:"抵制感情的冲动,而不是屈从于它,人才有可能得到心灵上的安宁。"

自制,顾名思义就是克制自己。看似不自由,殊不知,为了获得真正的自由,必须有意识地克制自己。没有自制力的人是可怕的,不但他的思想会肆意泛滥,行为更会如此。有人喝酒成瘾、上网成瘾,这些无一不是缺乏自制力的表现。一个失去自制能力的人是不会得到命运的眷顾与垂青的。

★ 自我激励的能力

自我激励就是给自己打气，鼓励自己要争气，在逆境中要奋起。而支持崛起的信念则来自自我激励。许多不成功的人不是没有成功的能力与潜质，而是他们思想上就不想成功。他们在受到羞辱时除了暗自神伤，嗟叹命运不济时，从不给自己打气，他们会习惯"劣势"，久而久之就真的只有失败与之为伍。

也有一些人并不是不给自己一点激励，而是很快就把对自己的承诺抛在脑后，没有认真地执行过当时的目标。一个有成功意识的人，都是允许自己失败，却不会允许自己倒下的人。因为失败是一时的，可以激励自己往上走，但倒下就是永久的失败。

★ 识别他人情绪的能力

日常生活中时常有人抱怨某人"不会察言观色"，或者是"没有眼力见"，无论是哪种表达，都是关于情商中识别他人情绪的表现。一个不懂得识别他人内心的人，是无论如何都达不到想要的成就的。

哈佛人认为，识别他人的情绪是与人沟通方面必不可少的能力，这种能力不仅能影响他人，更能影响自己。

★ 人际交往的能力

美国有一个叫泰德·卡因斯基的人，他16岁进哈佛，20岁毕业，而后在密歇根大学获数学硕士、博士学位，接着，又到世界第一流的加州大学伯克利分校数学系任教。然而，卡因斯基虽然智力超群，却从未培养过自己的社会交际技能。整个中学时期同学几乎见不到他的影子，他从不同任何人交往，更不能与人建立长久的关系。在大学里，他也如此，人们送他一个"哈佛隐士"的绰号。

卡因斯基在制造炸弹方面有特殊才智，但他在社交方面却是低能儿，因长期压抑而导致心理异常。他不但没有对社会作出贡献，最后还用自己研制的炸弹杀死了3人，伤了22人。

这就是缺乏人际交往能力的后果，著名成功学家卡耐基先生说，一个人的成功取决于20%的专业能力和80%的人际关系，足见人际交往能力的重要。而他所说"20%的专业技能"主要靠智商来获取，"80%的人际关系"却是靠情商获得。

第二节

智商决定成绩，情商决定命运

情商与智商：人生的左膀右臂

有人说成功者是"80%情商+20%智商"，失败者是"20%情商+80%智商"。对于人类来说，情商与智商都很重要，如同人生的左膀右臂，缺一不可。

以往认为，一个人能否在一生中取得成就，智力水平是第一重要的，即智商越高，取得成就的可能性就越大。但现在心理学家普遍认为，情商水平的高低对一个人能否取得成功也有着重大的影响作用，有时其作用甚至超过智力水平。

情商的水平不像智力水平那样可用测验分数较准确地表示出来，它只能根据个人的综合表现进行判断。心理学家还认为，情商水平高的人具有如下的特点：社交能力强，外向而愉快，不易陷入恐惧或伤感，对事业较投入，为人正直，富有同情心，情感生活较丰富但不逾矩，无论是独处还是与许多人在一起时都能怡然自得。专家还认为，一个人是否具有较高的情商，和童年时期的教育培养有着密切的关系。因此，培养情商应从小开始。

凯文·米勒小时候学习成绩不好，高中毕业时靠着体育方面的才能，才勉强进入芝加哥大学学习。许多年后，在他公开的日记中有这样的记述："老师和父亲都认为我是一个笨拙的儿童，我自己也认为其他孩子在智力方面比我强。"可是，凯文·米勒经过多年的努力，却成为美国著名的洛兹集团的总裁。

那么，究竟是什么让他从平凡走向卓越的呢？是情商。达尔文在他的日记中说："老师、家长都认为我是平庸无奇的儿童，智力也比一般人低下。"但他却成了伟大的科学家。爱因斯坦在1955年的一封信中写道："我的弱点是智力不好，特别苦于记单词和课文。"但他成了世界级的科学大师。洪堡上学时的成绩也不好，一次演讲中他说道："我曾经相信，我的家庭教师再怎样让我努力学习，我也达不到一般人的智力水平。"可是，20多年后他却成为杰出的植物学家、地理学家和政治家。

丹尼尔·戈尔曼用了两年时间，对全球近500家企业、政府机构和非营利性组织进行分析，发现成功者除具备极高的智商以外，其卓越的表现亦与情商有着密切的关系。在一个以15家全球企业，如IBM、百事可乐及富豪汽车等数百名高层主管为对象的研究中发现，平凡领导人和顶尖领导人的差异，主要是来自情绪智商。

卓越的领导者在一系列的情绪智商，如影响力、团队领导、政治意识、自信和成就动机上，均有较优异的表现。情商对领导者特别重要，是因为领导者的精髓在于使他人更有效地做好工作。一个领导者是否卓越，在很大程度上表现在他的情商。

智商和情商，都是人的重要的心理品质，都是事业成功的重要基础。它们的关系如何，是智商和情商研究中提出的一个重要的理论问题。正确认识这两种心理品质之间的差异和联系，有利于更好地认识人自身，有利于克服"智力第一"和"智力唯一"的错误倾向，有利于培养更健康、更优秀的人才。

★智商和情商反映着两种性质不同的心理品质

智商主要反映人的认知能力、思维能力、语言能力等。它主要表现人理性的能力。而情商主要反映一个人感受、理解、运用、表达、控制和调节自己情绪的能力，以及处理自己与他人之间的情感关系的能力，它是非理性的。它们是相对理性与相对感性的集合，是不同类型的比较。

★智商和情商的形成基础有所不同

智商和情商虽然都与遗传因素、环境因素有关，但是，它们与遗传、环境因素的关系是有所区别的。智商与遗传因素的关系远大于社会环境因素。而情商与环境因素的关系大于遗传因素。

★智商和情商的作用不同

智商的作用主要在于更好地认识事物。智商高的人，思维品质优良，学习能力强，认识深度深，容易在某个专业领域作出杰出的贡献，成为某个领域的专家。情商主要与非理性因素有关，它影响着人类认识和实践活动的动力。它通过影响人的兴趣、意志、毅力，加强或弱化认识事物的驱动力。智商不高而情商较高的人，学习效率虽然不如高智商者，但是，有时能比高智商者学得更好，成就更大。因为他们锲而不舍的精神使得勤能补拙。

聪明人≠成功者

智商曾一度统治成功学的领域，人们在感慨谁智商高谁就能成功的同时，不禁有些迷茫，原因在于发生在我们身边的一个个高智商神话的破灭。

人们应该还能够回忆起清华大学高才生刘海洋泼熊事件，不绝于耳的国内高等学府的学生因不堪各种压力跳楼自杀，因一点小事而愤然用刀砍死同学的事情……太多的天之骄子的言行让我们震惊，我们不禁要问：难道是这些学生不够聪明？

这是一个不言而喻的结论，因为我们都明白问题的根源不在于他们的智商，而是他们不懂控制自己的情绪，以致情绪失控；不知道调整自己的心理状态，于是在面对人生逆境时选择了结束自己的生命。或者这些伤害他人的高智商人物的悲剧，本来可以避免，或者他们将来可能会取得更加卓越的成就，但因为情商不高，最终做出了令人扼腕叹息的事情。

年轻时，莫奈还只是一个汽车修理工，当时的处境离他的理想还差得很远。一次，他在报纸上看到一则招聘广告，休斯敦一家飞机制造公司正向全国广纳贤才。他决定前去一试，希望幸运会降临到自己的头上。他到达休斯敦时已是晚上，面试就在第二天进行。

吃过晚饭，莫奈独自坐在旅馆的房中陷入了沉思。他想了很多，自己多年的经历历历在目，一种莫名的惆怅涌上心头：我并不是一个低智商的人，为什么我老是这么没有出息？看看自己身边的人。论聪明才智，他们实在不比自己强。最后，他发现，和这些人相比，自己缺少一个特别的成功条件，那就是情绪经常对自己产生不良影响。

他第一次发现了自己过去很多时候不能控制的情绪，比如爱冲动、遇事从不冷静、甚至有些自卑，不能与更多的人交往等。整个晚上他就坐在那儿检讨，他总认为自己无法成功，却从不想办法去改变性格上的弱点。

于是，莫奈痛定思痛，作出一个令自己都很吃惊的决定：从今往后，绝不允许自己再有不如别人的想法，一定要控制自己的情绪，全面改善自己的性格，塑造一个全新的自我。

第二天早晨，莫奈一身轻松，像换了一个人似的，满怀自信前去面试，很快，他便被录用了。两年后，莫奈在所属的公司和行业内建立起了很好的名声。几年后，公司重组，分给了莫奈可观的股份。

莫奈也许是个聪明人，但在没有认清自己的缺点之前，他是一个低情商的人。当认清自己的时候，他离高情商已经不远了，所以他成功了，可见，一个聪明人不一定成功，但高情商的人成功的概率却会很大。

事实已经证明，情商对人的成功有着至关重要的作用。在许多领域卓有成就的人当中，有相当一部分人在学校里被认为智商并不高，但他们充分发挥了他们的情商，最终获得了成功。

有这样一个笑话，问：一个笨蛋15年后变成什么？

答案：老板。

从某种意义上说，这个答案再正确不过了。即使是笨蛋，如果情商比别人高明，职场上的表现也可能胜出一筹，他的境况自然会大为改观。许多证据显示，情商较高的人在人生各个领域都占尽优势，无论是人际关系，还是事业等方面，其成功的概率均比较大。

此外，情商高的人生活更有效率，更易获得满足，更能运用自己的智商获取丰硕的成果。反之，不能驾驭自己情绪的人，自身内心激烈的冲突，削弱了他们本应集中于工作的实际能力和思考能力。也就是说，情商的高低可决定一个人其他能力（包括智力）能否发挥到极致，从而决定他有多大的成就。

可见，许多人一直生活在底层苦苦跋涉，并不是因为他们的智商有问题，而是因为他们没有意识到情商在一个人成功路上的重要性。智商的后天可塑性是较小的，而情商的后天可塑性是很高的，个人完全可以通过自身的努力成为一个情商高手，到达成功的彼岸。

请记住，哈佛人告诉我们："聪明人不等于成功者。"

智商诚可贵，情商"价"更高

成功不仅取决于个人的谋略才智，在很大程度上还取决于正确处理个人的情绪与别人情绪之间关系的能力，也就是自我管理和调节人际关系的能力。

人类在关于怎样才能成功的问题上从来不曾停止过探索的脚步。爱看电影的人们一定都会记得《阿甘正传》，这是一部好莱坞大片，男主角汤姆·汉克斯更是凭借它而一举夺得奥斯卡"小金人"。

影片中的男主角从小就是一个有点行动不便的男孩，准确地说是有点残疾。然而不幸的事情不止这样，他的母亲到处为他找学校，却没有一所学校愿意接收他，原因在于他的智商只有75。但是后来他的表现让每位观众都为之感动。他凭借执着、善良、守诺、勇敢的个性，一度成为美国人民心中的英雄。

故事也许是虚构的，而它却向我们揭示了这样一个道理：智商的高低与人生的成就不能直接画等号！阿甘的重情重义、执着乐观的个性，是他成功的重要因素，这便是来自情商的魅力。

关于成功，有一个秘密：成功的人往往不是因为知识多么丰富，而是因为他们的心智那么的成熟。

事实上，高智商者不一定取得成功，情商在人生成就中起着不可忽视的作用。情商的高低，可以决定一个人的其他能力，包括智能能否发挥到极致。情商比智商更重要，如果说智商更多地被用来预测一个人的学业成绩的话，那么，情商则能被用于预测一个人能否取得事业上的成功。优异的学业成绩，并不意味着你在生活和事业中能获得成功。而且从我们的个人体验来说，我们也喜欢那些乐于帮助别人并且平易近人的人，而不是古怪的科学家。

1936年9月7日，世界台球冠军争夺赛在纽约举行。路易斯·福克斯的得分一路遥遥领先，只要再得几分便可稳拿冠军了，就在这个时候，他发现一只苍蝇落在了主球上，他挥手将苍蝇赶走了。可是，当他俯身击球的时候，那只苍蝇又飞回到主球上，他在观众的笑声中再一次起身驱赶苍蝇。

这只讨厌的苍蝇破坏了他的情绪，而且更为糟糕的是，苍蝇好像是有意跟他作对，他一回到球台，它就又飞回到主球上来，引得周围的观众哈哈大笑。路易斯·福克斯的情绪恶劣到了极点，他终于失去了理智，愤怒地用球杆去击打苍蝇，球杆碰到了主球，裁判判他击球，他因此失去了一轮机会。路易斯·福克斯顿时方寸大乱，连连失利，而他的对手约翰·迪瑞则愈战愈勇，终于赶上并超过了他，最后拿走了桂冠。

第二天早上，人们在河里发现了路易斯·福克斯的尸体，他投河自杀了!

这个悲剧告诉我们,低情商者往往会做出很多不理智的事情,处于情绪低潮当中的人们,容易迁怒周遭所有的人、事、物。情绪的控制,有待智慧的提升,而这种智慧的提升则是情商的提升。

有些人在潜力、学历、机会各方面都相当,后来的际遇却大相径庭,这便很难用智商来解释。曾有人追踪1940年哈佛的95位学生中的成就(相对于今天,当时能够上哈佛的人比上不了哈佛的人,差异要大得多),发现以薪水、生产力、本行业位阶来说,在校考试成绩最高的不见得成就最高,对生活、人际关系、家庭、爱情的满意程度也不是最高的。

波士顿大学教育系教授凯伦·阿诺德曾参与上述研究,她指出:"我想这些学生可归类为尽职的一群,他们知道如何在正规体制中有良好的表现,但也和其他人一样必须经历一番努力。所以当你碰到一个毕业致辞代表,唯一能预测的是他的考试成绩很不错,但我们无从知道他适应生命顺逆的能力如何。"

另有人针对背景较差的450位男孩子作同样的追踪,他们多来自移民家庭,其中2/3的家庭仰赖社会救济,住的是有名的贫民窟,有1/3的智商低于90。研究同样发现智商与其成就不成比例,譬如说智商低于80的人里,7%失业10年以上,智商超过100的人同样有7%失业10年以上。就一个四十几岁的中年人来说,智商与其当时的社会经济地位有一定的关系,但影响更大的是儿童时期所培养的处理挫折、控制情绪、与人相处的能力。

总之,智商对于我们固然重要,但是如果少了情商,你将会失去人生中最重要的部分。

第三节

影响情商高低的 4 种能力

控制自我情绪的能力

情商的一个重要内容是控制自我,没有自制力的人终将一无所成,一点的小刺激和小诱惑都抵制不了,面对大的诱惑必将深陷其中。

控制自我情绪是一种重要的能力,也是人区别于动物的重要标志。人是有理性的,不能只依赖感情行事。

2000 年,小布什击败戈尔当选为美国总统。但你可想到,就是这样堂堂的美国总统,年轻时候却放荡不羁、缺乏自制力。

学生时代的布什,学习成绩一般,但对于吃喝玩乐他却样样在行。平时他除了与他那帮"狐朋狗友"四处游荡之外,无所事事。他最大的喜好便是开着自己那辆哈雷·戴维斯摩托车,带着时髦的女孩,在大街上飙车。除此之外,每天晚上,他总是泡在各色舞厅里,不到深夜不会回家,而且每次都是醉醺醺的。

老布什看儿子如此不济,多次谆谆教导,但是,小布什总把父亲的话当作耳旁风,依然故我。

直到有一天,一个很特别的姑娘出现在他面前,她的美丽和纯洁一下打动了"花花公子"小布什。在这位姑娘的影响之下,小布什警醒了,他慢慢克制住自己的放浪行为,奋发努力,投入政界。经过一番奋斗,他终于成就了自己的辉煌,登上了总统宝座。

托马斯·曼告诫人们:"控制感情的冲动,而不是屈从于它,人才有可能得到心灵上的安宁。"

有一个间谍,被敌军捉住了,他立刻装聋作哑,任凭对方用怎样的方法诱问他,他都绝不为威胁、诱骗的话语所动。等到最后,审问的人故意和气地对他说:"好吧,看起来我从你这里问不出任何东西,你可以走了。"

你认为这个间谍会立刻转身走开吗?

不会的!

要是他真这样做,他就会当场被识破他的聋哑是假装的。这个聪明的间谍依旧毫无知觉似地呆立着不动,仿佛对于那个审问者的话完全不曾听见。

审问者是想以释放他使他麻痹,来观察他的聋哑是否真实,因为一个人在获得自由的时候,常常会精神放松。但那个间谍听了依然毫无动静,仿佛审问还在进行,就不得不使审问者也相信他确实是个聋哑人了,只好说:"这个人如果不是聋哑的残废者,那一定是个疯子了!放他出去吧!"就这样,间谍的生命保存下来了。

很多人都惊叹于这个间谍的聪明。其实,与其说这个间谍聪明绝顶,还不如说是他超凡的自制力在关键时刻拯救了他的生命,换回了他的自由。

自制,顾名思义就是约束自己。看似不自由,殊不知,为了获得真正的自由,必须有意识地克制自己。

没有自制力的人是可怕的，不但他的思想会肆意泛滥，行为更会如此。有人喝酒成瘾、上网成瘾等，无一不是缺乏自制力的表现。

一个失去自制能力的人是不会得到命运的眷顾与垂青的。

卡耐基的经历给了我们很好的启示。

有一次，卡耐基和办公大楼的管理员发生了一场误会，这场误会导致了他们之间的憎恨。这位管理员为表示对卡耐基的不满，便给他时不时添些小麻烦。一天，管理员知道整栋大楼里只有卡耐基在办公室里时，立刻把全楼的电灯关了。这样的情形发生了好几次，最后，卡耐基忍无可忍，决定"反击"。

某个周末，机会来了。卡耐基在他的办公室里准备一份计划书，忽然电灯熄灭了。卡耐基立刻跳起来，奔向地下室，他知道在那儿可以找到这位管理员。当卡耐基到那儿时，发现管理员正倚在一张椅子上看报纸，还一边吹着口哨，仿佛什么事情都未发生似的。

卡耐基立刻破口大骂。一连5分钟之久，他用尽了天下所有的脏字来侮辱管理员。最后，卡耐基实在想不出什么骂人的词句，只好放慢语速。这时候，管理员放下手中的报纸，脸上露出开朗的微笑，并以一种充满自制和镇静的声音说："呀，你今天有点儿激动，不是吗？"他的话像一支利箭，一下子刺进了卡耐基的心。

卡耐基羞愧难当：站在自己面前的是一位只能以开关电灯为生的工人，他在这场战斗中打败了自己，而且这场战斗的场合和武器，都是自己挑选的。

卡耐基一言不发，转过身，以最快的速度回到办公室。他再也做不了任何事了。当卡耐基把这件事反省了一遍又一遍后，他立即看出了自己的错误，坦率地说，他很不愿意采取行动来化解自己的错误。

但卡耐基知道，必须向那个人道歉，内心才能平静。最后，他费了很久的时间才下定决心，决定到地下室去忍受这种必须忍受的羞辱。

卡耐基到地下室后对那位管理员说道："我回来为我的行为道歉，如果你愿望接受的话。"管理员脸上露出了微笑，说："凭着上帝的爱心，你用不着向我道歉。除了这四堵墙壁，以及你和我之外，并没有人听见你刚才说的话。我不会把它说出去的，我知道你也不会说出去的，因此，我们不如就把此事忘了吧。"

卡耐基听了这话，羞愧再次刺痛了他的心。他抓住管理员的手，使劲握了握。卡耐基不仅是用手和他握手，更是用心和他握手。在走回办公室途中，卡耐基心情十分愉快，因为他终于鼓起勇气，化解了自己做错的事。由此卡耐基一再告诫我们，自制是一种十分难得的能力，它不是枷锁，而是你带在身上的警钟。

那些以为自制就会失去自由的人，对"自由"与"自制"的意义显然还没有深刻的领会。因为自我控制不是要以失去自由为代价，恰恰是为了保证自由最大限度内的实现。

一位骑师精心训练了一匹好马，所以骑起来得心应手。只要他马鞭子一扬，那马儿就乖乖地听他支配，而且骑师说的话马儿句句都明白。

骑师认为用言语指令就可以驾驭住了，缰绳是多余的。有一天，他骑马外出时，就把缰绳给解掉了。

马儿在原野上驰骋，开头还不算太快，仰着头抖动着马鬃，雄赳赳地高视阔步，仿佛要叫他的主人高兴。但当它知道什么约束都已经解除了的时候，它就越发大胆了，它再也不听主人的叱责，愈来愈快地飞驰在辽阔的原野上。

不幸的骑师，如今毫无办法控制他的马了，他用颤抖的手想把缰绳重新套上马头，但已经无法办到。失去羁控的马儿撒开四蹄，一路狂奔着，竟把骑师摔下马来。而它还是疯狂地往前冲，像一阵风似的，路也不看，方向也不辨，一股劲儿冲下深谷，摔了个粉身碎骨。

"我可怜的好马呀，"骑师好不伤心，悲痛地大叫道，"是我一手造就你的灾难。如果我不冒冒失失地解掉你的缰绳，你就不会不听我的话，就不会把我摔下来，你也绝不会落得这样凄惨的下场。"

追求自由是无可非议的，但我们不能放任自流。一点儿也不加以限制的自由，本身就潜藏着无穷的害处与危险，严重的时候，就像脱缰的马儿一样难以控制。世界上不存在绝对的自由，真正意义上的自由，是"戴着镣铐跳舞"。

给情绪一个自制的阀门，我们自然会做到挥洒自如，赢得卓越的人生。

自我激励的能力

自我激励就是给自己打气，鼓励自己。中国人自小就被要求要争气，在逆境中要奋起，而支持崛起的信念则来自自我激励。

当遇到不顺心的事时，要告诉自己一切都会过去的，这没有什么大不了的。相信自己通过努力可以改变目前的状态，这是一种神奇的力量，来自心的力量，也是情商的重要内容之一。

偌大的中国，有许多商业巨子在引领企业的未来，其中有一位闪耀的女星，她就是吴士宏。

吴士宏从一个未受过正规高等教育，没有任何背景的普通年轻女子,到IBM、微软两个巨型跨国公司的地区负责人。她的成功,除了过人的胆识、聪颖的智慧,还跟她自我激励的情商有着密切的关系。

进入IBM之前的面试,吴士宏初生牛犊不怕虎,经理问她:"你知道IBM是家怎样的公司吗?""很抱歉,我不清楚。"吴士宏实话实说。"那你怎么知道你有资格来IBM工作?""你不用我,又怎能知道我没有资格?"吴士宏脱口而出,这话自信十足。她接着继续用英语说,她以前的同事和领导都相信她有能力做更多的事,她说能通过自学考试就是能力的证明,如果给她机会,她会证实她的能力和资格的,IBM公司或是别的公司如果用她一定不会后悔的。就这样,她被告知:下周一上班!"天生我材必有用",吴士宏充满自信的言语给主考官留下的是一种信任和认同感。

但吴士宏在IBM做职员期间,有一次她推着平板车买办公用品回来,被门卫拦在大楼门口,故意要检查她的外企工作证。她没有证件,于是僵持在门口,进进出出的人们都向她投来异样的目光,她内心充满屈辱,但却无法宣泄,她暗暗发誓:"这种日子不会久的,我绝不允许别人把我拦在任何门外。"

还有一件事重创过她敏感的心。有个香港女职员,资格很老,她动辄就驱使别人替她做事,吴士宏自然成了她驱使的对象。一天,她满脸阴云,冲吴士宏走过来说:"Juliet(吴士宏的英文名),如果你想喝咖啡请告诉我!"吴士宏惊诧之余满头雾水,不知所云。那位职员仍劈头盖脸喊道:"如果你要喝我的咖啡,麻烦你每次喝完后把盖子盖好!"吴立宏恍然大悟,她把自己当作经常偷喝她咖啡的贼了,这是人格的污辱,气得吴士宏顿时浑身战栗。

吴士宏的前半生是微不足道的,她只是一个小护士。在有幸进入

IBM 做一名最低级职员后,她扮演的是一个卑微的角色,沏茶倒水,打扫卫生。她曾感到自卑,连触摸心目中高科技象征的传真机都是一种奢望,她仅仅为身处这个安全而又能解决温饱的环境而感到宽慰。但是这种内心的平衡由于这两件事而受到重创,吴士宏下定决心改变自己,有朝一日一定要管理公司里的任何人,无论是外国人还是香港人。

从此,她每天比别人多花 6 个小时用于工作和学习。于是,在同一批聘用者中,她第一个做了 IBM 的业务代表。接着,同样的付出又使她成为第一批 IBM 本土的经理,然后又成为第一批去美国本部作战略研究的人。最后,她又第一个成为 IBM 华南区的总经理。这就是付出多回报多的最好事例。

在以后的岁月里,吴士宏更以惊人的毅力向自己的命运发起了挑战。1998 年 2 月,她到了微软,成为微软中国公司总经理。1999 年 10 月,TCL 礼聘她为 TCL 集团常务董事、副总裁、TCL 信息产业集团公司总裁。

许多不成功的人不是没有成功的能力与潜质,而是在思想上就不想成功。因为他们在受到羞辱时除了暗自神伤,嗟叹命运不济,从不给自己打气,他们会习惯"劣势",久而久之真的只有失败与之为伍。

也有一些人并不是不给自己一点激励,而是很快就把对自己的承诺抛在脑后,没有认真地执行过既定的目标。

一个有成功意识的人,都是允许自己失败,却不会倒下的人。因为失败是一时的,可以激励自己往上走,但倒下去就是永久的失败。

识别他人情绪的能力

日常生活中时常有人抱怨某人"不会察言观色",或者是"没有眼力见",无论是哪种表达,都是关于情商中识别他人情绪的表现。

一个不懂得识别他人内心的人,是无论如何达不到想要的成就的。

清朝有一个县令,被分配到山东省,第一次谒见抚军。按照惯例,凡是部属来参见长官,必须穿蟒袍补服(所谓蟒袍就是清代官员的公服,用缎做成,一般为夹层,视官阶大小,上绣五蟒至九蟒不等。补服是加在蟒袍上的外褂),即使酷暑也不能免除。因为当时正是炎热的夏季,这位县令刚在抚军的厅堂坐下,就汗流浃背,难以忍受,于是拿起随身携带的圆扇振臂狂挥。抚军说:"为什么不脱掉外褂?"县令说:"是,是。"于是让他的仆人帮他脱掉了外褂。过了一会儿,挥扇如故,抚军笑着说:"为什么不解带宽袍?"县令说:"是,是。"于是离开座位一件一件解带去袍。回到座位上,县令自顾自地在抚军面前谈笑风生,不自觉地把扇子换到右手,又从右手换到左手,不停地换来换去扇个不停,把风扇得飒飒有声。

抚军起初以为他是耐不住热,继而为他的放肆而生气了,于是斜视着眼睛用反语戏弄他说:"怎么不连衬衫也脱去,那样比较凉快。"这县令应声就脱去衬衫。抚军看他这般无知无礼,立即拱手说:"请茶。"抚军的左右立即传呼"送客"。因为清时官场习惯,属员谒见长官,长官不愿意再继续谈下去,就以"请茶"示意。茶碗一端,侍从就高呼"送客",这时客人必须立即辞出。县令听到"送客",仓促间没有办法,来不及穿戴,急忙取了帽子戴在头上,左边腋下夹着袍服,右肘挂上念珠,提着短衣,踉跄而出,犹如杂剧中扮演的小丑登场。

抚军署中的官吏小厮，哧哧地笑得直不起腰来。县令刚回到公馆，抚军命令他回原籍学习的告示牌，已经高高地悬挂在大门外面了。

这位县令之所以落得如此下场，是在于他的"愚"，不能准确领会说话者的真实意图。这是识别他人情绪能力的欠缺，是情商不高的表现。

有人说该县令不能领悟他人意思是因为他"笨"，那么"聪明"是否就能拯救这种人的性命呢？

三国时著名才子杨修是曹营的主簿，他是有名的思维敏捷的官员和有名的敢于冒犯曹操的才子。刘备亲自攻打汉中，惊动了曹操，他即率领四十万大军迎战。曹刘两军在汉水一带对峙。曹操屯兵日久，进退两难，适逢厨师端来鸡汤，见碗底有鸡肋，有感于怀，正沉吟间，夏侯惇入帐禀请夜间号令。

曹操随口说："鸡肋！鸡肋！"

人们便把这个号令传了出去。行军主簿杨修即叫随行军士收拾行装，准备归程。夏侯惇大惊，请杨修至帐中细问。

杨修解释说："夫鸡肋，弃之可惜，食之无所得。以比汉中，知王欲还也。"

夏侯惇也很信服，营中诸将纷纷打点行李。曹操知道后，怒斥杨修造谣惑众，扰乱军心，便把杨修给斩了。

后人有诗叹杨修，其中有两句是："身死因才误，非关欲退兵。"这是很切中杨修之要害的。

原来杨修为人恃才傲物，数犯曹操之忌。曹操兵出潼关，到蓝田访蔡邕之女蔡琰。蔡琰字文姬，原是卫仲道之妻，后被匈奴掳去，于北地生二子，作《胡笳十八拍》，流传入中原。曹操深怜之，派人去赎蔡琰。匈奴王惧曹操势力，送蔡琰还汉朝。曹操把蔡琰许配给董祀为妻。

曹操当日去访蔡琰，看见屋里悬一碑文图轴，内有"黄绢幼妇，外孙齑臼"八个字。曹操问众谋士谁能解此八字，众人都不能答，只有杨修说已解其意。曹操叫杨修先别说破，让他再思解。告辞后，曹操上马行三十里，方才省悟。原来此含隐语"绝妙好辞"四字。曹操也是绝顶聪明的人，却要行三十里才思考出来，可见其急智捷才远不及杨修。

曹操曾造花园一所，造成后曹操去观看时，不置褒贬，只取笔在门上写一"活"字。

杨修说："'门'内添活字，乃阔字也。丞相嫌园门阔耳。"

于是翻修。曹操再看后很高兴，但当知是杨修析其义后，内心已忌杨修了。又有一日，塞北送来酥饼一盒，曹操写"一合酥"三字于盒上，放在台上。杨修入内看见，竟取来与众人分食。曹操问为何这样？杨修答说，你明明写"一人一口酥"嘛，我们岂敢违背你的命令？曹操虽然笑了，内心却十分厌恶。

曹操怕人暗杀他，常吩咐手下的人说，他常做杀人的梦，凡他睡着时不要靠近他。一日他睡午觉，把被蹬落地上，有一近侍慌忙拾起给他盖上，曹操跃起来拔剑杀了近侍。大家告诉他实情，他痛哭一场，命厚葬之。因此众人都以为曹操梦中杀人，只有杨修知曹操的心，于是便一语道破天机。

凡此种种，皆是杨修的聪明冒犯了曹操。杨修之死，源于他的聪明才智。

有人认为杨修是"聪明反被聪明误"，其实杨修的聪明不算真聪明，因为真正聪慧的人知晓如何把握他人的心理，并保护自身的利益。

人际交往的能力

著名成功学家卡耐基先生说一个人的成功20%取决于专业能力，80%取决于人际关系，足见人际交往能力的重要。而他所说"专业技能"主要靠智商来获取，"人际关系"却是靠情商获得。

与他人沟通是情商中最为重要的内容之一。

16岁的小姑娘朱露总是显得有点孤独，平时也不爱言语，和同龄人似乎没有话题可讨论。

其实朱露原本并非如此，在她5岁以前，她一直是个非常活泼的小女孩。她当时和其他同龄的小伙伴没有任何太大的区别，但很快情况发生了变化。当她天真地问一些问题时，得到的总是父母的斥责："不该问的就不要问。"渐渐地朱露变得沉默起来，也不敢和陌生人说话，因为她总担心自己不会说话。

朱露的人际交往能力在她到了16岁时已显得不如伙伴们成熟，并且不擅交朋友的她由于缺乏友谊而更加落落寡欢。

可怜的小朱露因为少了友谊的甘霖而常常忧愁，但是却无法走出童年的阴影。

人际交往能力是人们生存的最重要的能力之一，如果欠缺过硬的与人交往能力，我们不仅会在前途上大受影响，也会在生活上备受其"害"——人际关系不善注定会影响我们的心情。

我们每个人都深深感到人际关系的重要与微妙，许多人坦言：工作的最重要之处在于与人协调、沟通。只有在人际关系处理好了之后，才有可能展现你独特的才华，否则不良的人际关系将阻碍你前进的步伐。

1983年，嘉纳出版了影响深远的《心理架构》，明白地驳斥智商决定一切的观念，指出人生的成就并非取决于单一的智商，而是多方面的智能。这样的智能主要可分为七大类，其中两类是传统所称的智能——语言与数学逻辑，其余各类包括空间能力（艺术家或建筑师）、体能（运动员的优雅或魔术师的灵活）、音乐才华（如莫扎特）。最后两项是嘉纳所谓"个人能力"的一体两面，一是人际技巧，如医生或马丁·路德·金这样的领袖；另一类是透视心灵的能力，如心理学大师弗洛伊德。

这种多面向的智能观可更完整地呈现出孩子的能力和潜力。嘉纳等人曾经让多元智能班的学生做两种测验，一种是传统标准的斯坦福毕奈儿童智力测验，另一种是嘉纳的多元智能测验，结果发现两种测验成绩并无明显的关联。智商最高的儿童（125～133分）在10类智能的多元测试中表现各异；三个孩子在两个领域表现不错，另一个孩子只在一个领域表现较杰出，且各人突出的领域相当分散；四个音乐较佳，一个特长是逻辑，一个是语言。五个高智商的孩子在运动、数字、机械方面都不太行，运动与数字甚至是其中的两个孩童的弱点。

嘉纳的结论是：斯坦福毕奈智力测验无法预测孩童在多元智能领域的表现。反之，教师与家长可根据多元智能测验，了解孩子将来可能有杰出表现的倾向。

嘉纳后来仍不断发展其多元智能观，他的理论首度问世后约10年，他就个人智能提出一个精辟的说明：

人际智能是了解别人的能力，包括别人的行事动机与方法，以及如何与别人合作。成功的销售员、政治家、教师、治疗师、宗教领袖都有高度的人际智能。内省智能与人际智能相似,但对象是自己,即对自己有准确的认知,并依据此认知来解决人生的问题。

"人际智能"即人际交往能力的重要性不言而喻,因为它是我们每个人的切身体会。

一位学业优异的学生将来可能问鼎科学的最高奖项,然而并不见得能当一名出色的领袖,因为他有可能欠缺与人交际的能力,但并不是说每一个成绩优异的人都如此,因为有许多特别出色的领袖也曾同样学业优秀,比如"铁娘子"撒切尔夫人等。

我们在此强调的是:人际沟通能力非常重要。

第二章
情商与自我认知

第一节
敢于认识你自己

自知之明让你情商更高

  人贵自知,有自知之明的人,知道自己的优点和弱点,知道自己应该做什么,不该做什么,同时也会得出自己能做什么的结论。知道自己想要追求什么,才会变得更强大;懂得避开自己的弱点去做事情,就会减少错误的机会。这不仅只是自知,还是借鉴他人的经验教训,避免自己走弯路,使自己陷入不利的境地。

  一个圆滚滚的鸟蛋,不知为什么,忽然从灌木丛上的鸟窝里骨碌碌地滚了出来,跌在灌木丛下厚厚的落叶上。奇怪的是居然没有跌破,一切完好如初。

  鸟蛋得意了,对着鸟窝大声笑着说:"哈哈,我是一只跌不破的鸟蛋!你们谁有我这样的本事,就跳下来比试比试看!"窝里的鸟蛋们听了,一个个探出头来看了一眼,吓得忙缩进头说:"我们害怕,不敢跳呀。""哼!我早就料到你们没有这个胆量!"地上的鸟蛋神气地向窝里的鸟蛋们大声嘲笑起来。

  这只鸟蛋在地上滚来滚去,一会儿滚到一棵小草边,向小草碰了碰，小草连忙仰起身子往后让；一会儿鸟蛋又滚到一株树苗边，向树苗撞了撞，树苗也仰着身子，给它让路。

鸟蛋更得意了。它认为自己力大无比、天下无敌，更加勇气十足地在山坡上滚过来，滚过去。就在鸟蛋得意之时，被山坡上一块小石头挡住了去路。鸟蛋气愤道："居然敢挡我鸟蛋的去路？"小石头昂着头说："一个鸟蛋对我也如此神气？"鸟蛋更气愤了，说："小草和树苗都已经领教过我的厉害，别人怕你小石头，我可不怕。"

这时鸟蛋为了显示它的勇气，不听小石头的警告，鼓足气猛地一滚，向小石头冲去。只听到"啪"的一声，鸟蛋碰得粉碎，流出一摊蛋汁。

小鸟蛋在一次又一次"畅通无阻"之后，过于沉浸于自己取得的成就，沾沾自喜，不能自拔，于是变得盲目自大，更加猖狂。它没有看清自己的处境和地位，以至于敢与比自己强大百倍的石头碰撞，所以它的结局就只能是自取灭亡。

能够客观评价自己的人通常都非常了解自己的优劣势，因为他时时都在仔细检视自己。能够时时审视自己的人，一般都很少犯错，因为他们会时时考虑：我到底有多少力量？我能干多少事？我该干什么？我的缺点在哪里？为什么失败了或成功了？这样做就能很快地找出自己的优点和缺点，为以后的行动打下基础，这就是自知之明。

人需要有自知之明。特别是在身处困境，地位低下的时候，一个人更应该反省自身，多思考一下自己的缺陷和不足，只有这样才能找到差距，才能找到奋斗的方向，迎来成功的那一天。看清自己是成功的必然，你不能因为境况的不如意而迷迷糊糊。只有正确地认识自己，评价自己，找到不足和差距，你才能不断取得进步，走出困境，走向成功。

一位叫亨利的青年移民,站在河边发呆。他不知道自己是否还有活下去的必要。亨利从小在福利院长大,身材矮小,不漂亮。所以他一直很瞧不起自己,认为自己是一个既丑又笨的乡巴佬,他连最普通的工作都不敢去应聘,他没有工作,也没有家。

就在亨利徘徊于困境的时候,与他一起在福利院长大的好朋友约翰兴冲冲地跑过来对他说:"亨利,告诉你一个好消息!我刚刚从收音机里听到一则消息。拿破仑曾经丢失了一个孙子,播音员描述的相貌特征,与你丝毫不差!"

"真的吗,我竟然是拿破仑的孙子?"亨利一下子精神大振。联想到爷爷曾经以矮小的身材指挥着千军万马,用带着泥土芳香的法语发出威严的命令,他顿时感到自己矮小的身材同样充满力量,讲话时的法国口音也带着几分高贵和威严。

第二天一大早,亨利便满怀自信地来到一家大公司应聘。他竟然应聘成功了。20年后,已成为这家公司总裁的亨利,查证自己并非拿破仑的孙子,但这早已不重要了。

人贵有自知之明,难得真正了解自己,战胜自己,驾驭自己。自以为自知同真正自知不同,自以为了解自己是大多数人容易犯的毛病,真正了解自己是少数人的明智。

尼采说过:"聪明的人只要能认识自己,便什么也不会失去。"可是认识自己并不简单,有些人不是以为自己一无是处而自卑,就是以为自己无所不能而自负,自卑与自负的极端表现,是因为对自我的认识有了偏差。正确认识自己,才能使自己充满自信,才能使人生的航船不迷失方向。正确认识自己,才能确定人生的奋斗目标。只有有了正确的人生目标，并满怀自信，为之奋斗终生，才能此生无憾，即使不成功，自己也会无怨无悔。

客观地评价自己，给自己一个准确的定位，清醒地认识到自己还存在哪些不足，并且在此基础上找到需要改进的地方，加强学习的力度。这样才能够真正有效地提高自己。

自知之明与自知不明虽一字之差，但是两种结果。自知不明的人往往昏昏然，飘飘然，忘乎所以，看不到问题，摆不正位置，找不准人生的支点，驾驭不好人生的命运之舟。自知之明关键在"明"字，对自己明察秋毫，了如指掌，因而遇事能审时度势，善于趋利避害，很少有挫折感，那么其预期值就会更高，在遭遇挫折的时候，不要妄自菲薄，也不要自视过高，正确地衡量自己，读懂自己，发现不足，弥补缺陷，你就能改变现状，获得成功。

哈佛教授告诉我们，自知之明，不仅是一种高尚的品德，更是一种高深的智慧。高情商的人都有自知之明。一方面，他们能看到自己的缺点；另一方面，又会经营自己的优势。

出色源于本色

出色来自本色，自信来自实力。想要变得出色，只要把自己的本色彰显出来，那么我们就是一个优秀的人。

索菲娅·罗兰是意大利著名影星，自 1950 年从影以来，已拍过 60 多部影片，她的演技炉火纯青，曾获得 1961 年度奥斯卡最佳女演员奖。但是在她没出名之前却是一个极为普通的女孩，是什么力量让她发光发彩呢？那是因为她始终相信自己的本色是最出色的。

她16岁时来到罗马,要圆她的演员梦。但她从一开始就听到了许多不利的意见。她个子太高,臀部太宽,鼻子太长,嘴太大,下巴太小,根本不具有一般的电影演员容貌。

制片商卡洛看中了她,带她去试了许多次镜头,但摄影师们都抱怨无法把她拍得美艳动人,因为她的鼻子太长、臀部太"发达"。卡洛于是对索菲娅说,如果你真想干这一行,就得把鼻子和臀部"动一动"。她断然拒绝了卡洛的要求。她说:"我为什么非要长得和别人一样呢?我知道,鼻子是脸庞的中心,它赋予脸庞以性格,我就喜欢我的鼻子和脸保持它的原状。至于我的臀部,那是我的一部分,我只想保持我现在的样子。"

她决心不靠外貌而是要靠自己内在的气质和精湛的演技来取胜。她努力着,奋斗着,终于,她用演技征服了每一个观众。而她那些所谓的缺点反倒成了美女的标准。

索菲娅·罗兰在她的自传《爱情与生活》中这样写道:"自我开始从影起,我就出于自然的本能,知道什么样的化妆、发型、衣服和保健最适合我。我谁也不模仿。我从不去像奴隶似的跟着时尚走。我只要求看上去就像我自己,非我莫属……衣服的原理亦然,我不认为你选这个式样,只是因为伊夫·圣·洛郎或迪奥告诉你,该选这个式样。如果它合身,那很好。但如果还有疑问,那还是尊重你自己的鉴别力,拒绝它为好……衣服方面的高级趣味反映了一个人的健全的自我洞察力,以及从新式样选出最符合个人特点的式样的能力……你唯一能依靠的真正实在的东西……就是你和你周围环境之间的关系,你对自己的估计,以及你愿意成为哪一类人的估计。"

索菲娅·罗兰的出色源于她的本色,即使她的本色在别人的眼里曾是缺点，但是她认为本色是最美的，无须更改，因为她相信终有一天别人会以她的缺点为荣。这是一种自信，更是对自己的肯定。

出色源于本色，是需要我们有足够的自信。自信是我们通往成功彼岸的一座桥梁。自信是一株可以结出硕果的植物。哈佛学子爱默生说得好："自信是成功的第一秘诀，自信是英雄主义的本质。"在我们努力培养自己自信心的同时也不要忘记，你的自信是建立在"出色源于本色"的基础上，不然盲目的自信就变成自负了。

有一位青年毕业于哈佛大学，他没有像他的大部分同学那样，去经商发财或走向政界或成为明星，而是选择了宁静的瓦尔登湖。他在那儿搭起小木屋，开荒种地，看书写作，过着原始而简朴的生活。他在世44年，没有女人爱他，没有出版商赏识他。生前在许多事情上很少取得成功。他只是写作、静思，直到得肺病在康科德死去。

他就是著名的《瓦尔登湖》的作者梭罗。梭罗博物馆在网上作了份调查：你认为梭罗的一生很糟糕吗？共有467432人作了回答，其结果是：92.3%的人回答说"不"；5.6%的人回答说"是"；2.1%的人回答说"不清楚"。

于是该博物馆采访了一位作家，作家说："我天生喜欢写作，现在我当了作家，我非常满意，梭罗也是这样，我想他的生活不会太糟糕。"

他们又采访了一位商人，商人说："我从小就想做画家，可是为了挣钱，我成了一位画商，现在我天天都有一种走错路的感觉。梭罗不一样，他喜爱大自然，他就义无反顾地走向了大自然，他应该是幸福的，因为他的出色就是源于本色。"

有些人有了一些成就，但他们并不快乐，因为那些成就不能给他们带来成就感，原因何在呢？是因为他们没有活出自己的本色。但有些人一生看似平淡，却真正地认识自己，他们知道什么样的生活才是自己想要的，虽然过程苦涩，但那却是最真实的自己。

1888 年，法国巴黎科学院收到的征文中有一篇被一致认为科学价值最高的论文。这篇论文附有这样一句话："说自己知道的话，干自己应干的事，做自己想做的人！"这是在妇女备受歧视和奴役的 19 世纪，走入巴黎科学院大门的第一个女性，也是数学史上第一个女教授——38 岁的俄国女数学家苏菲娅·柯瓦列夫斯卡娅的杰作。

做本色的"我"，张扬独一无二，除了自我凝聚、甘于寂寞外，还需要勇气。出色源于本色，它是为智慧与才干开路的先导；是向高压与陈规挑战的利剑；是同权威和强手较量的能源。

利用周围的人来认识自己

在成年人的世界中，流传着这样一个不成文的定律：你周围 6 个人的价值的平均水平，就是你的价值。这个规则说明的是，身边的朋友对我们而言，就是衡量自身价值的一个重要指标——你周围的朋友优秀，可想而知你也是不错的，你周围的朋友毫无理想和追求，那你可能是在放纵自己。

这个纷繁复杂的社会，因形形色色的人们结成各式各样的关系而精彩不断。社会是由人与人构成的，人的个体禀赋不同，所结成的社会关系也会不同。自从产生了阶级，各种社会关系就以集体、群体的形状而体现出来。然而这些不同会让人常常对自己没有一个很好的了解，其实利用周围的人来认识自己是再好不过了。

谁都不是单独生活在社会中的个体。在生活中，我们难免会形成这样或者那样的关系，比如：师生关系、父子关系、朋友关系、同事关系，这些关系的背后，就是在说明我的人生是和怎样的人度过的。亲人父母不能选择，但我们的朋友却都是我们自己选择的。选择朋友的眼光，就是你自己的人生标准，久而久之，你周围的人就是跟你志同道合的人，那么，想认识自己，就看看你周围是什么样的人。高情商的人可以利用别人的优点来强化自己。

有一个美国女人叫凯丽，她出生于贫穷的波兰难民家庭，在贫民区长大。她只上过6年学，也就是只有小学文化程度。她从小就干杂工，命运十分坎坷。

但是，她13岁时，看了《全美名人传记大成》后突发奇想，要直接和许多名人交往。她的主要办法就是写信，每写一封信都要提出一两个让收信人感兴趣的具体问题。许多名人纷纷给她回信。此外，还有另外一个方法，凡是有名人到她所在的城市来参加活动，她总要想办法与她所仰慕的名人见上一面，只说两三句话，不给人家更多的打扰。

就这样，她认识了社会各界的许多名人。成年后，她经营自己的生意，因为认识很多名流，他们的光顾让她的店人气很旺。最后，她不仅成了富翁，也成了名人。

每个人身上都有优点，如果身边的每一个人都能够将自己的优势利用在你的身上，那么你的力量将是无穷的。可是，生活中很多人并没有认识到这一点，他们只是紧紧地锁住自己，为的是能够全神贯注地拼搏。可是，他们不知道，当他们集中了精神只守着自己的那一小块田地的时候，已经失去了由人脉构建起来的更为广阔的沃土。

俗话说得好：物以类聚，人以群分。同类的物品常归纳在一起，而人按照品行、爱好形成群体。现代生活中，每个人都有自己的生活圈子，在这个圈子中都是志同道合的好朋友。无论你是哪一类，都验证了人以群分的不变规律。比如你喜欢逛街，那么一定会有几个和你一样的朋友；你喜欢读书，也一定有一些书友。

我们最常见的现象是，有一些本不相识的人会自然地聚拢在一起，有人认为是"气味"导致的，即"臭味相投"，也有些人认为是命中注定。但是有些人却始终游离于他们之外，想加入也难以如愿。其实这些都是因为他们不是一类人，没有共同的话题，他们就很难找到相同点，那么在他们身上就很难找到自己的影子，也就难以成为朋友。

从这些我们可以得出初步的结论，从一个人的朋友可以了解一个人的个性。从一个人的对手便可以了解一个人的底牌。如果延展这个结论，也许我们可以从一个男人或女人的追求者是什么层次的人，便可以在短时间初步判断出这个人的层次。

每个人的成功或多或少地需要蒙他人之赐、借他人之力，保持周围人的高水平，就是保持自己的高水平。

而朋友，就是我们最需要借鉴和依靠的"他人"。"利用"并不是完全丑恶的，它来源于人们在现实生活中各取所需的关系。有些人不能正确地认识自己，不是因为自己没有能力，而是他们常常走入一个误区，那就是他们常常给自己消极的暗示：我这样行吗？我能完成这项任务吗？但如果你能够利用周围的人来认识或提升自己，那么你会从中认识不一样的自己，从而走出那个误区，说不定还有意想不到的收获。

哈佛学者告诉我们：一个人，想要更好地认识自己，就要"利用"周围的人。

第二节

接纳真实的自我

你是上帝"咬过的苹果"

　　有位盲人，小时候总为自己的不幸而自暴自弃。而他的母亲却向他说：因为你可爱，上帝忍不住咬了你一口，你是上帝咬过的苹果。在母亲的鼓励下，小盲人发奋努力，终成了一名出色的钢琴师。

　　金无足赤，人无完人。平凡的你我都有缺点，在茫茫的人生路上也都会遇到这样那样的波折，道理很简单，因为"上帝很馋，见谁咬谁"，所以就有了人生种种的遗憾。常常在报纸、电视上看到轻生做傻事的新闻，真是愚蠢啊，难道他们不知道自己是一只大大的苹果，因为上帝喜爱其芬芳，所以才被狠狠地咬了一大口吗？所以，我们都应该好好地珍爱自己。

　　每个人都想拥有一个完美的人生，其实这只是愿望和奢望。自古及今，往往是有遗憾才为人生，十全十美的一生是没有的。月有阴晴圆缺，天有风雨雷电，花无百日红，人无一世平。况且，长青之树往往无花，艳丽之花往往无果。美人西施叹耳小，贵人昭君怨脚大，世上哪有圆月一般的美满人生！人生往往与苦难相伴，生活常常烦恼相随，正因为这样，残缺之中才有大美，苦难之中才含有甘甜。

能体味痛苦的真谛，是一种高远的境界。如生了病，让人想开了许多；倒了楣，能让人交了"学费"换来明白，也是一种收获。有了这样的心态，对己对人都有好处。对己，可以不烦不躁；对人，可以互相谅解。这会大大有利于人与人之间交往的平和，促进家庭和社会的和睦和美。

有人说，上帝像精明的生意人，给你一份天才，就搭配几倍于天才的苦难。这话真不假。上帝吝啬得很，绝不肯把所有的好处都给一个人，给了你美貌，就不肯给你智慧；给了你金钱，就不肯给你健康；给了你天才，就一定要搭配苦难……当你遇到这些不如意时，不必怨天尤人，更不能自暴自弃，顶好的办法，就是像那个母亲那样去自励自慰：我们都是被上帝咬过的苹果，只不过上帝特别喜欢我，所以咬的这一口更大罢了。

一个商人运了一批丝绸，数量足有1吨之多，因为在轮船运输中遭遇风暴，这些丝绸被染料浸染了，商人很郁闷，摆在他面前有两个状况，一是丝绸浸染后无法按期交货，二是如何处理这些被浸染的丝绸，然而后者成了商人非常头痛的事情。他想卖掉，却无人问津；想扔了，觉得很可惜。正在商人发愁之际，他的助手提出一个办法：可以把这些丝绸制成迷彩服、迷彩领带和迷彩帽子。

商人一听，立刻去做，几乎在一夜之间，他拥有了10万美元的财富，不但没有赔，而且还赚了一大笔。

听起来这个故事是商人如何从逆境走出来的，但从另一个角度看，他的遭遇正是上帝咬过他这个苹果，但结局是，这个苹果还留有余香，把他从逆境中解脱出来。

维纳斯雕像因其断臂而平添了一种神秘的美；比萨斜塔由于地基有缺陷而倾斜，却因此闻名于世；邮票或钞票因其印错而成为收集者的抢手货；铅、锡熔点低，不能做导线，但因此能做保险丝。缺陷是人的有机组成部分，只是看我们是否有能力把劣势转化为优势而已。

一位名叫阿费烈德的外科医生在解剖尸体时发现，那些患病器官在与疾病的抗争中，为了抵御病变，它们往往要比正常的器官机能更强，这就是"代偿功能"，比如说，视力不大好的人，耳朵却特别灵敏。他在给美术学院的学生治病时发现，那些搞艺术的学生视力大不如人，有的甚至是色盲。他还通过调查发现，一些颇有成就的艺术院校教授，之所以走上艺术道路，大多是因为生理缺陷的影响。

因此，他得出了这样的结论：一个人成就的大小，往往取决于他所遇到的困难的程度。

有些人，认为自己有了缺陷，所以常常自暴自弃，最终一事无成。有些人却没有把生理缺陷视为自己人生道路上的障碍物，而是从缺陷中获得无可比拟的力量，充分发挥自己的优势，甚至巧妙利用其生理缺陷以获得成功。

有这样一句话：当上帝给你关上一扇门的同时，他也给你开了一扇窗户，那么我们为何不去利用这扇窗户来造就自己呢？我们都是上帝咬过的苹果，但是别忘了，上帝咬的同时也留下了苹果的芬芳，这个芬芳就是我们存活的价值。世界上没有完美的事、完美的人，那么就让我们在不完美中寻找完美，从而实现自己的价值吧！

不要太在乎别人对你的看法

舆论是世界上最不值钱的商品,每个人都有一箩筐的看法,随时准备加诸别人身上。不管别人怎么评价,都只是他们单方面的说法,并且有很多是没有经过认真思考的,事实上这些评价并不会对我们造成任何影响。说到评价,我们希望听到别人认真的评价,但不管别人怎么说,都不要太在意。

一大清早,鹤就拿起针线,它要给自己的白裙子上绣一朵花,以显出自己的娇艳美丽,它绣得很专注。可是刚绣了几针,孔雀探过来问她:"你绣的是什么花呀?""我绣的是桃花,这样能显出我的娇媚。"鹤羞涩地一笑。"干吗要绣桃花呢?桃花是易落的花,还是绣朵月月红吧。"鹤听了孔雀姐姐的话觉得有理,便把绣好的部分拆了改绣月月红。

正绣得入神时,只听锦鸡在耳边说道:"鹤姐,月月红花瓣太少了,显得有些单调,我看还是绣朵大牡丹吧,牡丹是富贵花呀,显得雍容华贵!"

鹤觉得锦鸡说得对,便又把绣好的月月红拆了,重新开始绣起牡丹来。绣了一半,画眉飞过来,在头上惊叫道:"鹤姐姐,你爱在水塘里栖息,应该绣荷花才是,为什么要去绣牡丹呢?这跟你的习性太不协调了,荷花是多么清淡素雅啊!"鹤听了,觉得也是,便把牡丹拆了改绣荷花……

每当鹤快绣好一朵花时,总有人提出不同的建议。她只得绣了拆,拆了绣,直到现在白裙子上还是没有绣上任何花朵。

故事中鹤的行为很可笑,但笑过后想想,我们自己是不是也经常这样：做事或处理问题没有自己的主见，或自己虽有考虑，但常屈从于他人的看法而改变自己的想法，一味讨好和迎合别人，而置自己的原则于不顾？

所以做人千万不能像这只鹤一样，一定要有头脑，有自己的判断取向，不随人俯仰，不与世沉浮，这才是值得称道的情商品质。而随波逐流，闻风而动的人，恰是活在他人的价值标准里，终归会迷失自己。

有一位管理专家在谈到有关成为一位领导者所必备的条件时说过这样一段话："几乎每一个人都不断地告诉我们'应当保持普通而非卓越'。但是这种普通人是毫无发展潜力，做不出任何一件伟大事情的。而领袖人物的定义即意味着在某一个群体中与众不同、才华突出的人。领导人物必须在某些方面有所突出才行。我们应当努力的，是要尽力使自己显得跟其他人有所不同，而不是跟其他人一模一样。"

胜负取决于自己的内心。有时，周围的人对你说："你能胜过他。"可是你心里很清楚你不如那个人，也没想过要和他决一胜负。反过来，周围人说："你不如他。"没准你心里在想：我一定能赢他。所以，做事也好，做人也罢，我们都要坚持自己的主见，不要太在乎别人对自己的看法。

世间任何事情都没有绝对，所以只要你心中看得开就行了，何必在乎别人怎么看、怎么说呢？如果我们以别人的看法为指南，存有这种潜意识，生活就会苦多于乐。毕竟无法尽如人意的事情太多了，如果只是为了别人而活，痛苦难过的就只有自己。

杰克是一位年轻的画家。有一次他在画完一幅画后，拿到展厅去展出。为了能听取更多的意见，他特意在他的画旁放上一支笔。这样一来，每一位观赏者，如果认为此画有败笔之处，都可以直接用笔在上面圈点。

当天晚上,杰克兴冲冲地去取画,却发现整个画面都被涂满了记号,没有一处不被指责的。他对这次的尝试深感失望。他把遭遇告诉了一位朋友,朋友告诉他不妨换一种方式试试,于是,他临摹了同样一张画拿去展出。但是这一次,他要求每位观赏者将其最为欣赏的妙笔之处标上记号。

等到他再取回画时,结果发现画面也被涂遍了记号。一切曾被指责的地方,如今都换上了赞美的标记。"哦!"他不无感慨地说,"现在我终于发现了一个奥秘:无论做什么事情,不可能让所有的人都满意,因为,在一些人看来是丑恶的东西,在另一些人眼里或许是美好的。"

不要让众人的意见淹没了你的才能和个性。你只需听从自己内心的声音,做好自己就足够了。哈佛学者说,自己的鞋子,只有自己知道穿在脚上的感受。我们无论做什么,一定要对自己有一个清楚的认识,不要轻易地被别人的见解所左右,这才是认识自己和事物本质的关键所在。

一味听信于人,便会丧失自己,做任何事都患得患失,诚惶诚恐。这种人一辈子也成不了大事。他们整天活在别人的阴影里,太在乎上司的态度,太在乎老板的眼神,太在乎周围人对自己的意见。这样的人生,还有什么意义可言呢?每个人都有自己的生活方式,我们大可不必为那一份没有得到的理解而遗憾叹惜。而那些高情商的人往往懂得坚持自我。以下是坚持自我的一些经验之谈:

★对别人的看法要平衡,别人并非是先知先觉,他和你我都是一样的平凡。

★只要认准了方向,就要勇往直前,不要顾及是否会引起别人的嫉恨。

★选择不喜好闲言碎语的人为友,这将有助于你不再为"别人怎么说、怎么想"而发生恐惧。

★在处理问题时,相信"别人"和你并无什么本质差异。

★多想想自己的积极品质。

做人有两种可能,一种是像巴甫洛夫的狗,只听从外来的信息;另一种就是运用自己的脑子,选择能使自己变得更好的想法和做法。你做人是选择前者还是后者?

接受现实是成熟的标志

泰戈尔说:不要让我祈求免遭危难,而是让我能大胆地面对它们。生活中,我们会遇到许多不公平的遭遇,而且许多都是我们所无法逃避的,也是无所选择的。我们只能接受已经存在的事实并进行自我调整,抗拒不但可能毁了自己的生活,而且也会使自己精神崩溃。因此,人在无法改变不公和不幸的厄运时,要学会接受它、适应它。

世界上的很多东西都不是完整的,而这些很多的不完整也就促成了人间的烦恼甚至是悲剧。我们必须接受无法改变的现实。要想在自己有限的生命中做一点事情,首先就应该认识到人生有限、时光飞逝的现实,这样才是成熟的标志。

托尔斯泰在他的散文名篇《我的忏悔》中讲了这样一个故事:一个男人被一只老虎追赶而掉下悬崖,庆幸的是在跌落过程中他抓住了一棵生长在悬崖边的小灌木。

他感谢上天没有让他这么死掉,但是此时还有很多的危险,他发现，头顶上那只老虎正虎视眈眈，低头一看，悬崖底下还有一只老虎，更糟的是，两只老鼠正忙着啃咬悬着他生命的小灌木的根须。

绝望中，他突然发现附近生长着一簇野草莓，伸手可及。于是，这人拽下草莓，塞进嘴里，自语道："多甜啊！"

虽然故事的主人公身处绝望之中，但他能勇敢地接受现实，并能找到短暂的快乐。生命进程中，当痛苦、绝望、不幸和危难向你逼近的时候，你是否还能有勇气享受一下野草莓的滋味？接受残酷的现实会让你变得迅速成长，变得成熟。

英格兰的妇女运动名人格丽·富勒曾将一句话奉为真理，这句话是："我接受整个宇宙。"是的，你我也应该能接受不可避免的事实。即使我们不接受命运的安排，也不能改变事实分毫，我们唯一能改变的，只有自己。成功学大师卡耐基也说："有一次我拒不接受我遇到的一种不可改变的情况。我像个蠢蛋，不断作无谓的反抗，结果带来许多个无眠的夜晚，我把自己整得很惨。终于，经过一年的自我折磨，我不得不接受我无法改变的事实。"

你可能没有显赫的家庭，没有名校的学历，没有出众的外貌……但这一切都没有关系，这是现实，是你不管怎样都无法重新设计的；但是你还有无限的空间和足够多的机会去改变这一切。如果你连现实都无法看清，又如何脚踏实地地改变这一切？

面对现实，并不等于束手接受所有的不幸。只要有任何可以挽救的机会，我们就应该奋斗！但是，当我们发现情势已不能挽回时，我们最好就不要再思前想后，拒绝面对，要接受不可避免的事实，唯有如此，才能在人生的道路上掌握好平衡。

已故的布什·塔金顿总是说："人生加诸我的任何事情，我都能接受，只除了一样，就是瞎眼。"然而，在他60多岁的时候，他的视力在减退，有一只眼睛几乎全瞎了，另一只离瞎也不远了。他唯一所怕的事情终于发生在他的身上。

当塔金顿完全失明之后，他说："我发现我能承受我视力的丧失，就像一个人能承受别的事情一样。要是我五种感官全丧失了，我知道我还能够继续生存在我的思想里，因为我们只有在思想里才能够看，只有在思想里才能够生活，不论我们是不是知道这一点。"

塔金顿为了恢复视力，在一年之内接受了12次手术。他有没有害怕呢？他知道这都是必要的，他知道他没有办法逃避，所以唯一能减轻他受苦的办法，就是爽爽快快地去接受它。

他拒绝在医院里用私人病房，而住进大病房里，和其他的病人在一起。他试着去使大家开心，而且他很清楚地知道在他眼睛里动了些什么手术——他只尽力让自己去想他是多么的幸运。"多么好啊，"他说，"多么妙啊，现在科学的发展已经达到了这种技巧，能够为人的眼睛这么纤细的东西动手术了。"

这件事说明了一个道理："瞎眼并不令人难过，难过的是你不能忍受瞎眼。"是的，有些人一旦遇到困难，首先就是自暴自弃，不肯面对现实，其实如果我们从另一个角度去看的话，我们会发现接受它比逃避它能让人更加成熟。

已故的哥伦比亚大学著名教授狄恩海波特·郝基斯曾经作过一首打油诗当作他的座右铭：

天下疾病多，数也数不了，
有的可以医，有的治不好。
如果还有医，就该把药找，

要是没法治,干脆就忘了。

荷兰阿姆斯特丹有一座15世纪的教堂遗迹,里面有这样一句让人过目不忘的题词:"事必如此,别无选择。"命运总是充满了不可捉摸的变数,如果它给我们带来了快乐,当然是很好的,我们也很容易接受。但事情往往并非如此,有时,它带给我们的会是可怕的灾难,这时如果我们不能学会接受它,反而让灾难主宰了我们的心灵,那生活就会永远地失去阳光。

日本的柔道大师教导他们的学生:"要像杨柳一样柔顺,不要像橡树一样挺拔。"

你知道汽车轮胎为什么能在路上跑那么久,能忍受那么多的颠簸吗?起初,制造轮胎的人想要制造一种轮胎,能够抗拒路上所有的颠簸,结果轮胎不久就被切成了碎条。然后他们又做出来一种轮胎,吸收路上所碰到的各种压力,这样的轮胎可以"接受一切"。在曲折的人生旅途上,如果我们也能够承受所有的挫折和颠簸,我们就能够活得更加长久,我们的人生之旅就会更加顺畅!

如果我们不吸收这些挫折,而是去反抗生命中所遇到的挫折的话,我们会碰到什么样的事实呢?答案非常简单,这样就会产生一连串内在的矛盾,我们就会忧虑、紧张、急躁且神经质。在这个充满忧虑的世界,今天的人比以往更需要这句话:"对必然之事,且轻快地加以承受。"

有些人追求完美,不肯面对不完美的事,完美在很多时候都是做人做事的最高理想、最高境界,可等你真的向那个目标进发的时候,你会发现其实现实并不是你所想象的那样美好。"完美本身其实就是一种不完美",因为过多地苛求自己不但会影响到自己的发展,使得自己过于劳累，心灵过于疲惫，同时在追求的过程中也会让周围人的身体跟着同样的劳累，心灵同样的疲惫。完美主义是一种枷锁，会扣在我们的身上作威作福。

不要奢望"鱼和熊掌兼得"的完美，有时候完美并不等同于伟大或成功，却恰恰是缺憾的验证。它让我们不能接受事实，也不能满足于现状，以至于减少了很多成功的机会。

第三节

战胜自卑，拥有自尊的力量

不要认为自己不可能

我们的能量来自自然的赐予，而自然对于我们来说，仍是一个未知数。我们无法认识自然，也无法知道我们自己到底存在多大力量。简而言之，"自己不可能知道自己的所有能力"，这才是真理。

人的一生中所有事情只有亲自经历才能下结论，既然如此，任何事情都"非做做看不可，否则不可说不能"。除了"做"之外，别无其他方法，如果做都没做，就提出能或不能的概念，这就是一个人精神软弱的表现。

很多人都拿自己的经验来作论证："这件事我做不了。"但经验本身是微不足道的，有时还具有欺骗性。人必须遭遇未知的体验，才能发掘其潜能，所以生存的真正喜悦在于经常能够发现未曾自知的新力量，并惊讶地说出"原来我竟具有这种力量"，这才是人生最大的欣喜。

美国作家杰克·伦敦的著作《热爱生命》中有一段关于人与狼搏斗的精彩片段："那只狼始终跟在他后面，他不断地咳嗽和哮喘，他的膝盖已经和他的脚一样鲜血淋漓，尽管他撕下了身上的衬衫来垫膝盖，身后的苔藓和岩石上仍然留下了一路血渍。有一次，他回头看见病狼正饿得发慌地舔着他的血渍，他不由得清楚地认识到自己可能遭到的结局。除非，除非他干掉这只狼。于是，一幕从来没有演出过的残酷的求生悲剧开始了：病人一路爬着，病狼一路跛行着，两个生灵就这样在荒原里拖着垂死的躯壳，相互猎取着对方的生命……"靠着顽强的求生欲望，他最终用牙齿咬死了狼，喝了狼血，活了下来。

有人说，人们在通常情况下只发挥出了他个人能力的 1/10，而在受到了严重的挫伤和刺激之后，才能将大部分或者全部隐藏的能力爆发出来。所以，在我们的生活中，常常看到一些碌碌无为的人，在经历了一些生活的苦痛和精神上的折磨之后，会突然爆发出很大的潜能，做出很多让人意想不到的事情来，可见，人并不是"不可能"，而是没有发现自己的能力而已。

自信所产生的有效力量是强大的。如果你充满了自信，就不会说"我不能"，你身上的所有的力量就会紧密团结起来，帮助你实现理想，因为精力总是跟随你坚定的理想走。一定要对自己有一种卓越的自信，一定要相信"天生我材必有用"。如果你能坚持不懈地努力达到最高要求，那么，由此而产生的动力就会帮助你摘去"我不能"的精神软弱者的面具。

关于信心的威力，并没有什么神秘可言。信心在一个人成大事的过程中是这样起作用的：有了"我确实能做到"的态度，能力、技巧与精力这些必备条件会更容易得到，即每当你相信"我能做到"时，自然就会想出"如何去做"的方法。

一位撑竿跳选手，一直苦于无法超越一个高度。他失望地对教练说："我实在是跳不过去。"教练问："你心里在想什么？"他说："我一冲到起跳线时,看到那个高度,就觉得我跳不过去。"教练告诉他:"你一定可以跳过去。把你的心从竿上撑过去,你的身子就一定会跟着过去。"他撑起竿又跳了一次,果然一跃而过。

我们每个人都是这个撑竿跳选手,而我们一次次跳过的是"我不能"的精神障碍。相信自己有能力做好身边的每一件事,只有树立这样的信心,才可以走出消极心理的圈子,走上成功之路。

有一位哲人说:"任何的限制,都是从自己的内心开始的。"当自己不再相信自己,将自己的勇气和信心都锁进心门里的时候,我们就再也完不成积极向上的誓言了。所以,想要人生按照自己的方向行走,想要生命中所有的潜能都爆发出来,就要敢于突破心中的枷锁、突破自我。

在这个世界上没有什么不可能,只要我们敢去想、敢去闯,只要我们有智慧、有毅力,有让人敬重的品质,那些令人望而生畏的"不可能"也会被我们彻底征服。

如果有人告诉你:"水声可以卖钱。"你大概会说:"那不可能。"然而,美国有个普通人就实现了这个"不可能"。他用立体声录下许多潺潺的水声,复制后贴上"大自然美妙乐章"的标签高价出售,大赚其钱。而这仅仅是社会生活中一个变"不可能"为"可能"的简单事例。

哈佛告诉学生:在这个世界上,没有什么是不可能做到的。世界上有很多事,只要你去做,你就能成功。首先,你要在思想上突破"不可能"这个禁锢,然后从行动上开始向"不可能"挑战,这样你才能够将"不可能"变成"可能"。

哈佛学子、成功学导师爱默生说:"相信自己能,便会攻无不克……不能每天超越一个恐惧,便从未学会生命的第一课。"

很多人的"我不能"并非客观上的原因，而是因为自卑而贬低了自己的能力，才使得自己变得无精打采、毫无斗志。这些人夸大了自己身上的缺点。

如果你认为自己满身是缺点；如果你自认为是一个笨拙的人，是一个总是面临不幸的人；如果你认定自己绝不能取得其他人所能取得的成就，那么，你只会因为自卑而失败。通常，一个人做事情最大的敌人就是自卑。

成功的字典里没有"我不能"，经常告诉自己"我可以"，就会在心里形成一种积极的暗示，很多看似超越自身能力所及的事情也可以迎刃而解。

相信自己的人，才能把自卑打倒

哈佛大学拉德克利夫女子学院的海伦·凯勒说："对于凌驾于命运之上的人来说，信心是命运的主宰。"

然而，每个人的心中都住着一个邪恶的"神"，它的名字叫"自卑"。貌美如花的女子会忧虑自己没有足够的智慧，虽然她确实聪颖；富可敌国的大商家，有可能为自己那鲜为人知的身世而自卑……总之，每个人都会因为自己内心的"自卑之神"而痛苦，有认为自己不漂亮的，也有抱怨没能力赚大钱的，更有为自己没受过良好教育而自卑的……

但凡自卑者，总是一味轻视自己，总感到自己这也不行，那也不行，什么也比不上别人。而这种情绪一旦占据心头，结果是对什么都不感兴趣，忧虑、烦恼、焦虑纷至沓来。倘若遇到一点困难或者挫折，更是长吁短叹、消沉绝望，那些光明、美丽的希望似乎都与自己断绝了关系。这与现代人应该具备的自信的气质和宽广的胸怀是格格不入的，必须引起人们的警觉。

获诺贝尔化学奖的法国科学家维克多·格林尼亚是一位从自卑走向成功的人。格林尼亚出生于一个百万富翁之家，从小过着优裕的生活，所以他从来不知道什么是苦，养成了游手好闲、摆阔逞强、盛气凌人的浪荡公子恶习。

他挥金如土，经常仗着自己长相英俊，任意玩弄女人，任凭家长怎么说都不听，但有一次，春风得意的格林尼亚遭到了重大打击。一次午宴上，他对一位从巴黎来的美貌女伯爵一见倾心，像见了其他漂亮女人一样，他想："这么漂亮的女人跟我这样的英俊的人才般配啊！"于是他追上前去，把那个漂亮的女人当成猎物，觉得自己势在必得，但他刚想去搭讪，只听到一句冷冰冰的话："请站远一点，我最讨厌被花花公子挡住视线！"女伯爵的冷漠和讥讽，第一次使他在众人面前羞愧难当。突然间，他发现自己是那样渺小，那样被人厌弃，一种油然而生的自卑感使他感到无地自容，他曾经是多么的辉煌，有多少女人自入怀抱，可现在竟遭到拒绝。

他满含耻辱地离开了家，只身一人来到里昂。在那里，他隐姓埋名，发愤求学，进入里昂大学插班就读。他断绝一切社交活动，整天泡在图书馆和实验室里。这样的钻研精神赢得了有机化学权威菲利普·巴比尔教授的器重。在名师的指点和他自己的长期努力下，格林尼亚发明了"格式试剂"，发表了200多篇学术论文，最后被瑞典皇家科学院授予1912年度诺贝尔化学奖。

这个故事告诉我们，再优秀的人也会自卑，再自卑的人也能走向优秀。而维克多·格林尼亚就是从看起来优秀走向自卑,又重新拾起自信而获得成功。这其中最重要的原因就是他自信自强的精神。

所以说,自信自强是人成功的内在决定性条件,是成功的精神因素。也许有人会说,自信心是一个人与生俱来的本领,但事实证明,通过有效的培养,每个人都可拥有很强的自信心。

自卑的人并不是自己想自卑,而是因为他们缺乏内心安全感:他们总是特别"善于"发现自己的缺陷、短处和生活中不利于自己的方面,然后把它们放到放大镜下去看,结果是吓坏了自己——既然自己是如此糟糕,怎么能去和别人比,和别人竞争呢?

放下自卑的包袱,相信自己,方能从容应对未来。

自尊是必有的骄傲

自尊是承认自己的尊严,不容许别人歧视或侮辱自己。自尊是自我意识的一种具体表现,也是一种积极的行为动机,它有助于克服各种困难和自身的弱点,取得成功。一个人要得到别人的尊重,首先必须自尊、自爱、自重。

临近大街的阳台上,站着一位美丽动人的女郎,引得路人禁不住抬头看上两眼。一位青年途经此处,他被女郎的美貌深深吸引,便与她搭讪,向她表明爱意,说自己对女郎一见钟情,想与女郎交往。

女郎高傲地说:"如果你真的爱我,请在阳台底下待上100天,我自会下楼会你。"青年二话不说,拿把椅子坐了下来,等女郎。

时间一点一滴地过去了,那个青年每天都在阳台底下待着,等女郎心动,可是过去一大半的时间,女郎还是没有动静。但是青年不管刮风下雨都一如既往。

99天过去了,再有一天就要到期,女郎从窗边偷视那3个月来都纹丝不动的青年,大受感动。就在女郎要出去见青年的时候,突然女郎惊呆了,只见那个"忠诚的骑士"缓缓地直起身,拿起椅子,若无其事地走了。女郎顿觉后悔,她错过了一个好男人。

这位青年恰如其分地表达了自己的深情,又恰如其分地保留了自己的尊严。伟大的思想巨匠卢梭,曾在他的一篇著名演讲词中,诠释了自尊的力量。他说:"自尊是一件宝贵的工具,是驱动一个人不断向上发展的原动力。它将全然地激励一个人体面地去追求赞美、声誉,创造成就,把它带向它人生的最高点。"

在英国女作家夏洛蒂·勃朗特的《简·爱》中,穷女孩简·爱面对自己的雇主——富有的罗切斯特,如此宣言:我的心灵与你一样高贵,我的心胸和你一样充实!我不是根据习俗、常规,甚至也不是血肉之躯同你说话,而是我的灵魂同你的灵魂在对话!彼此平等,本来就如此。她就是这样充满自尊地向等级森严的英国社会发出坚定有力的呼喊和挑战。

研究现在的很多高情商的人,可以看出拥有强烈的自尊是他们共同的特点。他们中的许多人在幼年时就意识到自我价值。真正的成功者,在体育运动、商业、艺术等各个生活领域中,都有着自己的独到见解,有着很强的自我价值感和自信心。他们希望别人了解自己,把这看成是有意义的事。他们非常自然地吸引着朋友和支持他们的人,这些人很少是孤独的。

"我喜欢我自己,我真的非常喜欢我自己。不论我父母说的,还是我自己的感觉都是这样。我非常高兴我是我自己。我愿意成为我自己，而不愿是历史上任何时代的别人。"这种正面的自我暗示，是培养自我尊重的重要部分。

美国政治家、科学家富兰克林说："站着的农夫要比跪着的绅士高得多。"澳大利亚作家柯林斯托姆说："虽然尊严不是一种美德，却是许多美德之母。"俄国文艺批评家别林斯基也说："自尊心是一个灵魂的伟大杠杆。"

可见，尊严是一个人灵魂的骨架，一个人一旦失去了尊严，他所剩下的也只是人的一副躯壳了。现实的浊流中，我们渐渐地磨掉了个性的棱角，学会了怯懦、世故和圆滑。太多的时候，是我们自己轻易丢掉了自己的尊严。

自尊是对自己的一种敬意，它教会了一个人要有尊严，要爱自己的肉体和灵魂，要肯定自己，要将自立放在重要位置，而不是依靠他人，接受他人的施舍。拥有自尊的人非常尊重自己。正是因为尊重自己，根据同样的法则，他也尊重他人。同样的，他也因此博得他人的尊重。

拉哈布正走着，一个黄包车夫来到他身边。车夫摇着铃铛，问道："先生，您要车吗？"拉哈布转过头去，发现那个人瘦得皮包骨头。"只有那些没人性的家伙才会以人力车代步。"因此，他连声说道："不，不，我不要。"一面继续走自己的路。

黄包车夫拉着车子跟在他后面，一路不停地摇铃。突然间，拉哈布的脑子里闪出一个念头：也许拉车是这个穷人唯一生存的手段，拉哈布心里顿时对他生出了怜悯之情。黄包车夫摇着铃铛，又招呼拉哈布道："先生！您要去哪里？""去希布塔拉。你要多少钱？""6便士。""好吧，你跟我来！"拉哈布继续步行。"请上车，先生。""跟我走吧！"拉哈布加快了脚步。拉黄包车的人跟在他后面小跑。

到了希布塔拉，拉哈布从衣兜里掏出6便士递给黄包车夫，说："拿去吧！""可您根本没坐车呀。""我从不包车。我认为这是一种犯罪。把这钱拿去吧，它是你应得的！""可我不是乞丐！"黄包车夫拉着车，消失在街的拐角处。

这个黄包车夫是有尊严的，他用自己的劳动换来金钱，这是心安理得的。当拉哈布给他施舍的时候，黄包车夫的一句"可我不是乞丐"捍卫了他的尊严。

一个人一旦失去自尊，他便不能自爱。连自己都不尊重的人，又怎么能够获得尊严？！鄙视自己、轻视自己的结果，只能是失去健康、独立的人格，让自己变成一个自私自利的小人。理由很简单，如果一个人不爱自己，不相信自己，他也不可能爱他人和相信他人。自我尊重是通向成功和幸福的必经之路。我们应该无条件地热爱自己，因为你就是你，是世上独一无二的人。

在日常生活中，自尊心是一个非常流行的概念，它指的是人们赞赏、重视、喜欢自己的程度。自尊心通常是指一个人对自己价值、长处、重要性的情感上的总体评价。而自尊心也在一定程度上反映了实际自我与理想自我之间的差异，差异越小，自尊心则越强。

第三章
情商与情绪控制

第一节

控制情绪，从来都不靠忍

你是情绪的奴隶吗

有人曾说，只要征服自己的感情和愤怒，就能征服一切。这正说明了人应该掌握自己的情绪，而不是成为情绪的奴隶。然而，有很多人都陷于愤怒、忧郁、恐惧等消极情绪的陷阱里不能自拔。

经济学教授詹纳斯·科尔耐曾说："我把人在控制自我情感上的软弱无力称为奴役。因为一个人为情感所支配，行为便没有自主之权，而受命运的宰割。"所以，做自己感情的奴隶比做暴君的奴仆更为不幸。

1939年，德国军队占领了波兰首都华沙，此时，卡亚和他的女友迪娜正在筹办婚礼，在光天化日之下卡亚被纳粹推上卡车运走，关进了集中营。卡亚陷入了极度的恐惧和悲伤之中。

一同被关押的一位犹太老人对他说："孩子，你只有活下去，才能与你的未婚妻团聚。记住，要活下去。"卡亚冷静下来，他下定决心，无论日子多么艰难，一定要保持积极的精神和情绪。所有被关在集中营的犹太人，他们每天的食物只有一块面包和一碗汤。许多人在饥饿和严酷刑罚的双重折磨下精神失常，有的甚至被折磨致死。卡亚努力控制和调适着自己的情绪,把恐惧、愤怒、悲观、屈辱等抛之脑后。在这人间炼狱中,卡亚奇迹般地活下来。他不断地鼓舞自己,靠着坚韧的意志力,维持着衰弱的生命。

1945年,盟军攻克了集中营,解救了这些饱经苦难、劫后余生的人。卡亚活着离开了集中营。若干年后,卡亚把他在集中营的经历写成一本书。他在前言中写道:"如果没有那位老者的忠告,如果放任恐惧、悲伤、绝望的情绪在我的心间弥漫,很难想象,我还能活着出来。"

是卡亚自己救了自己,他用积极乐观的情绪救了自己,他战胜了不良情绪,他主宰了情商,他不是情绪的奴隶。

人的情绪无非两种:一是愉快情绪,二是不愉快情绪。无论是愉快情绪还是不愉快情绪,都要把握好它的"度"。否则,"愉快"过度了,即要乐极生悲。

至于不愉快的悲剧更多。有资料讲,80%的溃疡病患者有情绪压抑的病史,还有急躁易怒者易患高血压、冠心病,自卑、精神创伤、悲观失望者易患癌症。生气也是一种不良情绪,"气为百病之长"。其实生气有很多坏处:

★生气会在无意中伤害无辜的人,有谁愿意无缘无故挨你的骂呢?而被骂的人有时是会反击的。大家看你常常生气,为了怕无端挨骂,所以会和你保持距离,你和别人的关系在无形中就拉远了。

★偶尔生生气,别人会怕你;常常生气,别人就不在乎,反而会抱着"你看,又在生气了"的心理,这对你的形象也是不利的。

★生气也会影响一个人的理性思维,使之对事情作出错误的判断和决定,而这也会成为别人对你最不放心的一点。

★生气对身体不好,不过别人是不在乎这点的,气死了是你自己的事。

总之,坏情绪就是低情商的表现,它只会给我们带来坏处,不会带来好处。所以,学会控制情绪是我们成功的要诀。世上有许多事情的确是难以预料的,人与人的相处也难免会有磕磕碰碰。人的一生犹如繁花,既有红火耀眼之时,也有暗淡萧条之日;人与人相处,既可能如亲人一样互敬互爱,也可能如敌人一样发生碰撞摩擦。但是,不管我们面对着怎样的境遇,都要尽量保持自己的风度,既不要自暴自弃,也不可盛气凌人。

然而,总有许多人不停地抱怨命运的不公,自己付出了辛劳的汗水,得到的却是失败和痛苦。究其原因,是因为他们不会调节自己的情绪,他们需要情绪锻炼,那么怎么才能摆脱"情绪奴隶"这个称号呢?情绪不是不可以控制的,这需要平日的锻炼。

★要学习辩证法,懂得用一分为二、变化发展的眼光看问题,在任何情况下,都不要把事物看"死"。

★要陶冶情操,培养广泛的兴趣,如书法、绘画、弈棋、种花、养鸟等,可择其所好,修身养性。

★不要经常发脾气,遇事要量力而行,要有自知之明,要相信别人,多为别人着想。还有,要学会倾诉。有欢乐,不妨学学孩子跳几跳,放开嗓子吼几句。有苦恼,也不要闷在肚里,可向亲朋倾诉一番,甚至大哭一场。

★要广交朋友,消除孤独。多参加些体育锻炼,也是与情绪锻炼相辅相成、一举两得的好方法。

哈佛学者曾说:"不要做情绪的奴隶,要做情绪的主人。"想要成为一个高情商者,首先就要学会控制情绪,这样你才可以如鱼得水地处理任何事情。那么从今天开始，让我们每天坚持情绪锻炼，做一个高情商的人。

情绪产生的原因及种类

是什么原因使我们产生了情绪？情绪来自何方？

科学研究表明，我们大脑中枢的一些特殊的原始部位明显地掌控着我们的情绪。但是，人类语言的使用和更高级的大脑中枢又影响和支配着比较原始的大脑中枢。影响着我们的情绪和行为的主要原因是我们自己的思维。

另外，有些专家也指出：遗传结构只是在很小程度上决定着你是倾向于安静还是倾向于激动。而孩提时的经验和当时周围人的情绪则影响着你的情绪。各种生理因素（如疾病、睡眠缺乏、营养不良等）可能使你变得容易激动。由上可见，情绪是因多种情感交错而引起的一连串反应，与环境有着密不可分的互动关系，它并不是呼之即来、挥之即去的。

对大部分人来说，这些因素并不能完全决定着我们对周遭满意的程度，也不能决定我们能否免受焦虑、愤怒和抑郁之苦。我们的情绪在很大程度上受制于我们的信念、思考问题的方式。这正是情绪不易控制的真正原因。

大体上，我们可以将情绪粗分为愉快和不愉快两种经验。

愉快的经验包括喜悦、快乐、积极、兴奋、骄傲、惊喜、满足、热忱、冷静、好奇心和如释重负等。不愉快的经验有失望、挫折、忧郁、困惑、尴尬、羞耻、不悦、自卑、愧疚、仇恨、暴力、讥讽、排斥和轻视等。其中它们又可分为合理的情绪和不合理的情绪。

上面讲述了情绪分为两大类，下面细分一下情绪的类别，情绪的种类很多，一般分为以下 5 种：

★ **原始的基本的情绪**
具有高度的紧张性，包括快乐、愤怒、恐惧和悲哀。

★ **感觉情绪**
包括疼痛、厌恶、轻快。

★ **自我评价情绪**
主要取决于一个人对自己的行为与各种行为标准的关系的知觉。包括成就感与挫败感、骄傲与羞耻、内疚与悔恨。

★ **恋他情绪**
这类情绪常常凝聚成为持久的情绪倾向或态度，主要包括爱与恨。

★ **欣赏情绪**
包括惊奇、敬畏、美感和幽默。

这些情绪对人们起着至关重要的作用。由于情绪可能为我们带来伟大的成就，也可能带来惨痛的失败，所以，我们必须了解、控制自己的情绪。

我们几乎每天都要表达自己的情绪："今天我高兴""我现在很懊恼""昨天那事让我感到很难过""吓死我了""真讨厌""我喜欢你"……也会描述他人的情绪，"他太紧张了""这人怎么这么开心""我父亲对我很生气""昨晚圣诞节舞会上，大家都很兴奋"。情绪是我们每个人不可缺少的生活体验，情绪是有血有肉的生命的属性，"人非草木，孰能无情"。

情绪无所谓对错，它常常是短暂的，会推动行为，易夸大其词，可以累积，也可以经疏导而加速消散。情绪的好和坏事实上与我们自己的心态和想法有关，与刺激关系并不大，一件事，在别人眼中看着是悲哀的，在你眼中也许就是喜乐的，主要看自己怎么想了。

情绪的表现形式是多种多样的，我们可以依据情绪发生的强度、持续的时间以及紧张的程度，把情绪分为心境、激情和应激反应 3 种类型：

★心境

心境是一种微弱、平静、持续时间很长的情绪状态，也就是我们大家常说的"心情"。心境是受到个人的思维方式、方法、理想以及人生观、价值观和世界观影响的。同样的外部环境会造成每个人不同的情绪反应。有很多在恶劣环境中保持乐观向上的例证，那些身残志坚的人、临危不惧的人都是值得我们学习的榜样。

★激情

激情是迅速而短暂的情绪活动，通常是强有力的。我们经常说的"勃然大怒""大惊失色""欣喜若狂"都是激情所致。很多情况下激情的发生是由生活中的某些事情引起的。而这些事情往往是突发的，使人们在短时间内失去控制。激情是常被矛盾激化的结果，也是在原发性的基础上发展和夸张表现的结果。

★应激反应

应激反应是由出乎意料的紧急情况所引起的急速而又高度紧张的情绪状态。人们在生活中经常会遇到突发事件，它要求我们及时而迅速地作出反应和决定，应对这样紧急情况所产生的情绪体验就是应激反应。在平静的状况下，人们的情绪变化差异还不是很明显，而当应激反应出现时人们的情绪差异立刻就显现出来。加拿大生理学家塞里的研究表明：长期处于应激状态会使人体内部的生化防御系统发生紊乱和瓦解，随之身体的抵抗力也会下降，甚至会失去免疫能力，由此就更容易患病。所以我们不能长期处于高度紧张的应激反应中。

控制自我是高情商的体现

　　一个成功的人必定是有良好自我控制能力的人，控制自我不是说不发泄情绪，也不是不发脾气，过度压抑会适得其反。良好的控制自我就是不要凡事都情绪化，任由情绪发展，而是要适度控制，这是一种能力的体现。

　　20世纪60年代早期的美国，有一位很有才华、曾经做过大学校长的人竞选美国中西部某州的议会议员。此人资历很高，又精明能干、博学多识，非常有希望当选，而且他的威望也很高。

　　就在他竞选过程中，一个很小的谎言散布开来：3年前，在该州首府举行的一次教育大会上，他跟一位年轻的女教师"有那么一点暧昧的行为"。这其实是一个弥天大谎，而这位候选人不能很好地控制自己的情绪，他对此感到非常愤怒，并极力想要为自己辩解。

　　就在这个时候，他的妻子对他说："既然这是一个谎言，那为什么还要为自己辩护呢？你越辩护，越说明这件事是真的，与其让其他人看笑话，不如我们不把它当回事。"

　　果然，他把这件事当成小事，当有记者问他时，他说："这是一个误会，是一个谎言，时间会证明一切。"虽然只是简短的几句话，但是他赢得了更多人的支持。最后他竞选成功。

　　在关键时候，故事的主人公能控制自己的情绪，控制了自我，这是能力的体现，他更是一个情商高手。他没有因为别人的误解而发怒，而是转换角度，从容面对，所以他成功了。

其实，人的情绪表现会受众多因素的影响，例如，他人言语、突发事件、个人成败、环境氛围、天气情况、身体状况，等等。这些因素可以按照来源分为外部因素（刺激）和内部因素（看法、认识）。两种因素共同决定了人的情绪表现和行为特征，其中个人的观点、看法和认识等内部因素直接决定人的情绪表现，而个人成败、恶言恶语等外部因素则通过影响情绪内因而间接影响人的情绪表现。

传说中有一个"仇恨袋"，谁越对它施力，它就胀得越大，以致最后堵死我们生存的空间。因此，当我们遇到生气的事情，不必将怒火点燃，实际上这于事无补。

情绪可以成为你干扰对手、打败对手的有效工具；反过来说，情绪也会成为对手攻击你的"暗器"，让你丧失理智，铸成大错。

电影《空中监狱》中有这样一段情节：从海军陆战队受训完毕的卡麦伦来到妻子工作的小酒馆，正当两人沉浸在重逢的喜悦中时，几个小混混不合时宜地出现了，对他漂亮的妻子百般骚扰。卡麦伦在妻子的劝阻下，好不容易按下怒火，离开酒馆准备回家。没想到在半路上又遇到那帮人，听着他们放肆的下流话语，卡麦伦再也无法忍受了，他不顾妻子的叫喊，愤怒地冲过去和他们搏斗起来。混乱中，一个小混混从衣兜里掏出一把锋利的匕首，卡麦伦不假思索地夺过匕首，一刀捅入对方的胸膛……那人当场死亡了，卡麦伦因为过失杀人，被判了10年徒刑。无论他有多么后悔，也只得挥泪告别刚刚怀孕的妻子，在狱中度过漫长的痛苦时光……

卡麦伦的悲剧难道不是他自己造成的吗？如果他能够控制自己的情绪，不正面与小混混冲突，又怎会酿成如此悲剧？制裁坏人并不一定要靠拳头和武力，当时，如果卡麦伦能稍微理智一些，向警方求助，事情一定不会演变到这种地步。

控制自我情绪是一种重要的能力，也是一门难能可贵的艺术。一个不懂得控制自我的人，只会任由其情绪的发展，使自己犹如一头失控的野兽，一旦不小心闯到熙熙攘攘的人群中，则会伤人伤己。人是群居的动物，不可能总是一个人独处，因此，一旦情绪失控，必将波及他人。控制自我情绪绝对是种必须具备的能力。

1754年，身为上校的华盛顿率领部下驻防亚历山大市。当时正值弗吉尼亚州议会选举议员，有一个名叫威廉·佩恩的人反对华盛顿所支持的候选人。据说，华盛顿与佩恩就选举问题展开激烈争论，说了一些冒犯佩恩的话。佩恩火冒三丈，一拳将华盛顿打倒在地。当华盛顿的部下跑上来要教训佩恩时，华盛顿急忙阻止了他们，并劝说他们返回营地。

第二天一早，华盛顿就托人带给佩恩一张便条，约他到一家小酒馆见面。佩恩料定必有一场决斗，做好准备后赶到酒馆。令他惊讶的是，等候他的不是手枪而是美酒。

华盛顿站起身来，伸出手迎接他。华盛顿说："佩恩先生，昨天确实是我不对，我不可以那样说，不过你已然采取行动挽回了面子。如果你认为到此可以解决的话，请握住我的手，让我们交个朋友。"从此以后，佩恩成为华盛顿的狂热崇拜者。

我们在钦佩伟人胸怀的同时，也要认识到控制自我的重要。许多伟人之所以能够名垂千古，与他们的从容豁达、宠辱不惊有很大的关系。而芸芸众生也许更多的是任由情绪的发泄，没有利用好控制自我的人。

美国研究应激反应的专家理查德·卡尔森说："我们的恼怒有80%是自己造成的。"这位加利福尼亚人在讨论会上教人们如何不生气。卡尔森把防止激动的方法归结为这样的话:"请冷静下来!要承认生活是不公正的。任何人都不是完美的,任何事情都不会按计划进行。"理查德·卡尔森的一条黄金法则是:"不要让小事情牵着鼻子走。"他说:"要冷静,要理解别人。"他的建议是:表现出感激之情,别人会感觉到高兴,而你的自我感觉会更好。

学会倾听别人的意见,这样不仅会使你的生活更加有意思,而且别人也会更喜欢你;每天至少对一个人说,你为什么赏识他;不要试图把一切都弄得滴水不漏;不要顽固地坚持自己的权利,这会花费许多不必要的精力;不要老是纠正别人;常给陌生人一个微笑;不要打断别人的讲话;不要让别人为你的不顺利负责。要接受事情不成功的事实,天不会因此而塌下来;请忘记事事必须完美的想法,你自己也不是完美的。这样生活会突然变得轻松得多。

哈佛告诉我们当你抑制不住生气时,你要问自己:一年后生气的理由是否还那么重要?这会使你对许多事情得出正确的看法。控制住自我,你的能力就会彰显出来。

情绪具有感染力

将一个乐观开朗的人和一个整天愁眉苦脸、抑郁难解的人放在一起,不到半个小时,这个乐观的人也会变得郁郁寡欢起来。道理很简单,悲观者将自己的苦闷、抑郁传递给了他,人的情绪就是这么的奇怪。情绪具有感染力,那就让我们及时调整好自己的情绪,不要让你的坏情绪到处去"惹祸"了。

有这样一幅漫画:

有个小男孩被老师骂了一顿,心情非常不好,在路边遇到一条觅食的小狗,便狠狠地踢了它一下,吓得小狗狼狈逃窜;小狗无端受了惊吓,见到一个西装革履的老板走过来,便汪汪狂吠;老板平白无故被狗这么一闹,心情很烦躁,在公司里逮住他的女秘书的一点小小过错就大发雷霆;女秘书回家后,越想越气,把怨气一股脑儿全撒给了莫名其妙的丈夫,两人吵了一架,把以前陈芝麻烂谷子的事都抖了出来;第二天,这位身为教师的丈夫如法炮制,把自己一个不长进的学生狠狠批评了一顿;挨了训的学生,也就是前面的那个小男孩怀着恶劣的心情放了学,归途又碰见了那条小狗,二话没说又一脚踹去……

看过漫画,大家都忍不住哈哈大笑,漫画用夸张的手法给我们展示了一条不良情绪的传染链。其实,我们每个人都可能是不良情绪的始作俑者,每个人也都是不良情绪的受害者。只要中间的某个人可以控制住自己的情绪,这个恶性循环就不会再传递下去。

良好的情绪会带给周围人无尽的欢乐。如果我们仔细回想一下,一定能够想得到许多因良好情绪而感染我们的例子。比如小区的物业人员总是真诚、友善地和你道一句"你好""再见"之类的话语,你可能本来因忙碌而觉得心烦,但一听到他的问候、看到他的笑脸,你的内心也会绽放出一朵花来。许多经常来往的人的情绪会互相影响,也是基于这样的道理。但如果是坏情绪的传染,有时会带来毁灭性的灾难。

俄亥俄州大学社会心理生理学家约翰·卡西波指出,人们之间的情绪会互相感染,看到别人表达的情感,会引发自己产生相同的情绪,尽管你并未意识到自己在模仿对方的表情。这种情绪的鼓动、传递与协调,无时无刻不在进行,人际关系互动的顺利与否,便取决于这种情绪的协调。

情绪的感染通常是很难察觉的,这种交流往往细微到几乎无法察觉。专家做过一个简单的实验,请两个实验者写出当时的心情,然后请他们相对静坐等候研究人员到来。两分钟后,研究人员来了,请他们再写出自己的心情。这两个实验者是经过特别挑选的,一个极善于表达情感,一个则是喜怒不形于色。实验结果,后者的情绪总是会受前者感染,每一次都是如此。这种神奇的传递是如何发生的?

人们会在无意识中模仿他人的情感表现,诸如表情、手势、语调及其他非语言的形式,从而在心中重塑自己的情绪。这有点像导演所倡导的表演逼真法,要演员回忆产生某种强烈情感时的表情动作,以便重新唤起同样的情感。

研究发现,人容易受到坏情绪的传染,带着满肚子闷气,绷着脸回到家,摔摔打打,看什么都不顺眼,坏情绪便立刻传染给了全家,可能整个晚上甚至连续几天都不得安宁。同样,在家里怄了气,也会把坏情绪带到外面。这就像一个圆圈,以最先情绪不佳者为中心,向四周荡漾开去,这就是常被人们忽视的"情绪污染"。用心理学家的话说:情绪"病毒"就像瘟疫一样从这个人身上传播到另一个人身上,一传十、十传百,其传播速度有时要比有形的病毒和细菌的传染还要快。被传染者常常一触即发,越来越严重,有时还会在传染者身上潜伏下来,到一定的时期重新爆发。这种情绪污染给人造成的身心损害绝不亚于病毒和细菌引起的疾病危害。

同样,你听同一首歌,在家听的感受与到演唱会现场去听,结果肯定是大不一样,因为,在现场你的情绪受到了感染。认识到情绪这种特殊的"传染病",我们就要重视它,并积极利用正面情绪,克制、舒缓负面情绪，这样才能拥有赢得成功的品质。

　　与其一天到晚怨天怨地，说自己多么不幸福，不如借由改变自己的情绪、个性来改变命运。没有人是天生注定要不幸福的，除非你自己关起心门，拒绝幸福之神来访。千万不可做个喜怒无常的人，让自己的心理状态完全被情绪左右，那样伤害的不只是别人，你自己也会因此失去拥有幸福的机会。

第二节

优秀的人，从来不会输给情绪

踢走"负面情绪"这个绊脚石

心理学上把焦虑、紧张、愤怒、沮丧、悲伤、痛苦等情绪统称为负性情绪，有时又称为负面情绪，人们之所以这样称呼这些情绪，是因为此类情绪的体验是不积极的，身体也会有不适感，甚至影响工作和生活的顺利进行，进而有可能引起身心的伤害。

现在，全球范围内出现心理问题的人越来越多，而且呈现出低龄化趋势。根据2000年的调查显示：该年患有抑郁症的人数是1960年的10倍，而且患病人群的最低年龄已经由从前的25岁降低到了14岁。

最近医学发现，负性情绪极易形成"癌症性格"，"癌症性格"的具体表现包括：性格内向，表面上逆来顺受、毫无怨言，内心却怨气冲天、痛苦挣扎，有精神创伤史；情绪抑郁，好生闷气，但不爱宣泄；生活中一件极小的事便可使其焦虑不安，心情总处于紧张状态。这些负性情绪则可损害人的免疫系统，诱发癌症。

在2005年的一项调查显示：80%的哈佛学生，至少有过一次抑郁的经历，有47%的学生曾经达到过崩溃的边缘，有94%的学生都会感到压力大甚至喘不过气来。可见,具有负面情绪的人比例如此之大,我们要学会控制负面情绪,但我们也允许自己有负面情绪。

有位太太请了一个油漆匠到家里粉刷墙壁。油漆匠一走进门,看到她的丈夫双目失明顿时流露出怜悯的眼光,他觉得她的丈夫很可怜,因为他看不到阳光、花草和人们。

可是男主人一向开朗乐观,所以油漆匠在那里工作的那几天,他们谈得很投机,油漆匠也从未提起男主人的缺憾,虽然他也很想知道男主人为什么这么开心。

工作完毕,油漆匠取出账单,那位太太发现比原先谈妥的价钱打了一个很大的折扣。她问油漆匠:"怎么少算这么多呢?"油漆匠回答说:"我跟你先生在一起觉得很快乐,他的开朗、他的乐观,使我觉得自己的境况还不算最坏。所以减去的那一部分,算是我的一点谢意,因为他使我不会把工作看得太苦!"

其实这个油漆匠,只有一只手。

我们无法选择将要发生的事情,情绪的到来也没有任何信号。尤其是负面情绪,我们无法阻止负面情绪的产生,但我们可以掌握自己的态度,调节情绪来适应一切环境,生活中大多数的情况下,你完全可以选择你所要体验的情绪,关键在于自己对生活的态度选择。

在 2000 年美国就作了一项关于 1967~2000 年心理学文摘的调查,结果发现关于负面心理与关于正面心理研究的论文数目比例相去甚远。这项调查的结果显示:关于愤怒的研究文章有 5584 篇,关于沮丧的有 41416 篇,关于抑郁的有 54040 篇;而关于喜悦的研究文章只有 515 篇,关于快乐的有 2000 篇,关于生活满意的有 2300 篇。结果可以得到一个结论:那就是正面心理与负面心理的比例达到了

1∶21，这是一个多么令人吃惊的数字！

总之，所有的负面情绪都是我们修行的绊脚石，我们必须认识它，重视它，超越它，让绊脚石变成我们前进的垫脚石。

控制冲动这个"魔鬼"

在种种消极情绪中，冲动无疑是破坏力最强的情绪之一，它是低情商的表现，每个人在生活中都会遇到不合自己心意的事，这时候如果不保持冷静，不克制自己的冲动行为，就会为此付出代价。一个聪明的人，不会让坏情绪控制自己，而是应该自己去控制坏情绪，成为情绪的主宰者。

生活中许多人，往往控制不住自己的情绪，任性妄为，结果引火烧身，给自己和朋友带来不必要的麻烦。所以，你要学会控制自己的冲动。学会审时度势，千万不能放纵自己。每个人都有冲动的时候，尽管冲动是一种很难控制的情绪。但不管怎样，你一定要牢牢控制住它。否则一点细小的疏忽，可能贻害无穷。

据说："冲动就像地雷，碰到任何东西都一同毁灭。"如果你不注意培养自己冷静平和的性情，一旦碰到不如意事就暴跳如雷，情绪失控，就会让自己陷入自我戕害的囹圄之中。

一个孩子总是无法控制自己的情绪。一天，他父亲给了他一大包钉子，让他每发一次脾气都用铁锤在他家后院的栅栏上钉一颗钉子。第一天，小男孩共在栅栏上钉了37颗钉子。

过了几个星期，小男孩渐渐学会了控制自己的情绪，栅栏上钉子的数量开始逐渐减少。

渐渐地,他发现控制自己的坏脾气比往栅栏上钉钉子要容易多了。

最后,小男孩发脾气的频率越来越低,栅栏上钉的钉子也越来越少。

他把自己的转变告诉了父亲。父亲又建议他说:"如果你能坚持一整天不发脾气,就从栅栏上拔下一颗钉子。"经过一段时间,小男孩终于把栅栏上所有的钉子都拔掉了。

父亲拉着他的手来到栅栏边,对小男孩说:"儿子,你做得很好。但是,你看一看那些钉子在栅栏上留下的小孔,栅栏再也回不到原来的样子了。当你出于一时冲动,向别人发过脾气之后,你的言语就像这些钉孔一样,会在别人的心里留下疤痕。"

在现实生活中,有人只顾逞一时的口舌之快,很多话不经思考便脱口而出,有意无意地就会对他人造成伤害。伤害一旦造成,再多的弥补往往也无济于事。

所以,作为情绪的主人,我们应该培养自我心理调节能力,这是一种理性的自我完善。这种心理调节能力,在实际行为上则会显示出强烈的意志力和自制力。它使人以平和的心态来面对人生中的起起落落,保持与他人交往时的淡定从容。

有一个发生在美国阿拉斯加的故事。有一对年轻的夫妇,妻子因为难产去世,孩子活了下来。丈夫一个人既要工作又要照顾孩子,有些忙不过来,可是找不到合适的保姆照看孩子,于是他训练了一只狗,那只狗既听话又聪明,可以帮他照看孩子。

有一天,丈夫要外出,像往日一样让狗照看孩子。他去了离家很远的地方,所以当晚没有赶回家。第二天一大早他急忙往家里赶,狗听到主人的声音摇着尾巴出来迎接。他发现狗满口是血,打开房门一看，屋里也到处是血，孩子居然不在床上……他全身的血一下子都涌到头上，心想一定是狗的兽性大发，把孩子吃掉了，盛怒之下，拿起刀来把狗杀死了。

就在他悲愤交加的时候，突然听到孩子的声音，只见孩子从床下爬了出来，丈夫感到很奇怪。他再仔细看了看狗的尸体，这才发现狗后腿上有一大块肉没有了，而屋门的后面还有一只狼的尸体。原来是狗救了小主人，却被主人误杀了。

丈夫在一刀杀狗带来的痛快之后，很快就尝到了痛苦的滋味。他痛失爱犬，而所有的结局全由那冲动的一刀所致，这不能不说是件很遗憾的事。所以在遇到一些情况时，我们需要的是冷静，而非冲动。

大多数成功者都是能够对情绪收放自如的人。这时，情绪已经不仅仅是一种感情的表达，更是一种重要的生存智慧。如果不注意控制自己的情绪，随心所欲，就可能带来毁灭性的灾难。情绪控制得好，则可以帮你化险为夷。

所以，我们要学会控制自己的情绪，不能放纵自己。

人们形容某些幼稚的行为举动，常会用"冲动"来说明。也有些不负责任的人，在做了错事之后不敢承担责任，用"一时冲动"来替自己辩解。人要想在竞争激烈的环境中有所作为，必须学会克制住冲动，否则事情一发不可收拾，后果也许令我们难以承受。

★用理智战胜冲动

理智者遇上不顺心之事，一般都能三思而后行。除了那些丧失理智和法律意识淡薄之人外，正常人都有一时激愤或消沉的时候，这是个危险时段，很多不正确的判断常常是在这不冷静的时刻作出的。判断失误必然导致行为欠妥，如果人们能在最短的时间内让头脑降温，就会迅速熄灭危险的导火线。

★提高文化素养

能否理智行事与文化程度的高低成正比。这点和深圳法院的调查报告完全吻合:"冲动杀人的罪犯最多仅有初中以下文化程度,文化程度低下,缺乏自控能力是逞一时之快杀人的重要原因。"众所周知,法律对一些欲铤而走险的人能起警示作用,可是,如果文化程度低下,加之法律意识淡薄,"无知无畏",那就极其容易走向犯罪的深渊。

★用外人的眼光看问题

"当局者迷,旁观者清",这话不无道理。在日常生活中,我们每个人都曾做过局外人观看过别人吵架,这时候,无论是哪一方的言行,其失当和偏颇之处你大多能觉察。因此,如果人们能以局外人的头脑观察自己,则善莫大焉。

"冲动是魔鬼",我们应该时刻谨记这句话,并在我们情绪失控的时候以此来加以制止。任何事情都应该三思而后行,一时的冲动只能让结果变得更坏。

为情绪找一个出口

情绪的宣泄是平衡心理、保持和增进心理健康的重要方法。当不良情绪来临时,我们不应一味控制与压抑,而应该用一种恰当的方式,给汹涌的情绪一个适当的出口,让它从我们的身上流走。

在我们的生活中,可能会产生各种各样的情绪,情绪上的矛盾如果长期压在心中,就会影响大脑的功能或引起身心疾病。因而,我们要及时排解。很多时候,只要把困扰我们的问题说出来,心情就会感到舒畅。我国古代,有许多人在他们遭到不幸时,常常有感赋诗,这实际上也是使情绪得到正常宣泄的一种方式。

有人经过研究认为,在愤怒的情绪状态下,伴有血压升高,这是正常的生理反应。如果怒气能适当地宣泄,紧张情绪就可以获得松弛,升高的血压也会降下来;如果怒气受到压抑,长期得不到发泄,那么紧张情绪得不到平定,血压也降不下来,持续过久,就有可能导致高血压。

尽管自控是控制情绪的最佳方式,但在实际生活中,始终以积极、乐观的心态去面对不顺心的外部刺激,是非常难做到的。所以,人们在控制情绪时常常综合应用忍耐和自控的方法,而且,为了顾忌全局,暂时忍耐的方法用得更多。所以,尽管在面对不愉快时会努力做到自控,但并非能做到真正的洒脱,还需要依靠个人的忍耐力。然而,每个人的忍耐力都是有极限的,当情绪上的烦躁、内心的痛苦累积到一定程度,最终会非理性地爆发出来。所以,在实际生活中,不能一味地操之在我,还要懂得适当地宣泄,为自己的坏情绪找一个"出口",将内心的痛苦有意识地释放出来,而非不可控地爆发。

这天晚上,汉斯教授正准备睡觉,突然电话铃响了,汉斯教授接起了电话,是一个陌生妇女打来的电话,对方的第一句话就是:"我恨透他了!""他是谁?"汉斯教授感到莫名其妙。"他是我的丈夫!"汉斯教授想,哦,打错电话了,就礼貌地告诉她:"对不起,您打错了。"可是,这个妇女好像没听见,如竹桶倒豆子一般说个不停:"我一天到晚照顾两个小孩,他还以为我在家里享福!有时候我想出去散散心,他也不让,可他自己天天晚上出去,说是有应酬,谁知道他干吗去了!……"

尽管汉斯教授一再打断她的话,告诉她他不认识她,但她还是坚持把话说完了。最后,她喘了一口气,对汉斯教授说:"对不起,我知道您不认识我,但是这些话在我心里憋了太长时间了,再不说出来我就要崩溃了。谢谢您能听我说这么多话。"原来汉斯教授充当了一个听众。但是他转念一想,如果能挽救一个濒临精神崩溃的人,也算是做了一件好事。

情绪应该宣泄,但宣泄应该合理。当有怒气的时候,不要把怒气压在心里,生闷气;不要把怒气发泄在别人身上,迁怒于人,找替罪羊;更不要把怒气发泄在自己身上,如自己打自己耳光、自己咒骂自己,甚至选择自杀的方法当作自我惩罚;不要大叫、大闹、摔东西,以很强烈的方式把怒气发泄出去。因为上述所有做法不但于事无补,反而会使问题进一步恶化,给自己带来更大的伤害。

对于情绪的宣泄,可采用如下几种方法:

★直接对刺激源发怒

如果发怒有利于澄清问题,具有积极性、有益性和合理性,就要当怒而怒。这不但可以释放自己的情绪,而且是一个人坚持原则、提倡正义的集中体现。

★借助他物出气

把心中的悲痛、忧伤、郁闷、遗憾痛快淋漓地发泄出来,这不但能够充分地释放情绪,而且可以避免误解和冲突。

★学会倾诉

当遇到不愉快的事时,不要自己生闷气,把不良心境压抑在内心,而应当学会倾诉。

★高歌释放压力

音乐对治疗心理疾病具有特殊的作用，而音乐疗法主要是通过听不同的乐曲把人们从不同的不良情绪中解脱出来。除了听以外，自己唱也能起同样的作用。尤其高声歌唱，是排除紧张、激动情绪的有效手段。

★以静制动

当人的心情不好，产生不良情绪体验时，内心都十分激动、烦躁、坐立不安，此时，可默默地侍花弄草，观赏鸟语花香，或挥毫书画，垂钓河边……这种看似与排除不良情绪无关的行为恰是一种以静制动的独特的宣泄方式，它是以清静雅致的态度平息心头怒气，从而排除沉重的压抑。

★哭泣

哭泣可以释放人心中的压力，往往当一个人哭过之后，发现心情会舒畅很多。

当然，宣泄也应采取适当的正确方式，一些诸如借助他人出气、将工作中的不顺心带回家中、让自己的不得意牵连朋友等做法是不可取的，这于己于人都是不利的。与其把满腔怒火闷在心中，伤了自己，不如找个合适的宣泄口，让自己更快乐一些。

生活在大千世界中的人，在性格、爱好、职业、习惯等诸多方面存在着很大的差异，对事物、问题的认识与理解也不尽相同。因此，我们不能要求他人与自己一样，不能以自己的标准和经验来衡量他人的所作所为，要承认他人与自己的差别，并能容忍这种差别。不要企图去改变别人，这样做是徒劳的。

人不能没有脾气，尽管你是有涵养的人，也不免有时要发一下脾气。遇事不如意,看人不顺眼,因而生气,几乎成为这个社会中屡见不鲜的事了。不过,即使屡见不鲜,并非无碍,也不一定是好事。发脾气之所以成为问题,乃在于自己所说的话太刻薄,所做的事太过分,不但会刺伤人家的心,使自己后悔莫及,而且还会把事情弄砸了,把人际关系也弄僵了,这就是发脾气的恶劣后果。

所以,我们一定要记住:当你想要发脾气的时候就要给自己的情绪找一个适当的宣泄口。

第三节

用情商激活无限潜能

告诉自己：你比想象中的更优秀

很多时候，我们面对困难往往不知所措，事实上，我们并不是输给了困难，而是输给了我们自己，因为我们常常会低估了自己的能力。哈佛告诉我们，其实我们比自己想象中的更优秀，只是，我们还没有发现而已。

常听很多人说："命运都由天注定，我再努力也没有用。"真是这样的吗？

美国知名学者奥图博士说："人脑好像是一个沉睡的巨人，我们只用了不到1%的脑力。"一个正常的大脑记忆容量有大约6亿本书的知识总量，相当于一部大型电脑储存量的120万倍。如果人类发挥其一小半潜能，就可以轻易学会40种语言，记忆整套百科全书，获得12个博士学位。

根据研究，即使世界上记忆力最好的人，其大脑的使用也没有达到其功能的1%。人类的知识与智慧，迄今仍是"低度开发"！人的大脑真是个无尽的宝藏，只要我们肯花心思去挖掘，努力运用潜意识的力量，成功会比想象来得更快、更轻松。

"我一定要把它做出来！"他拿起圆规和直尺，一边思索一边在纸上画着，尝试着用一些超常规的思路去寻求答案。当窗口露出曙光时，青年长舒了一口气，他终于完成了这道难题。

见到导师时，他说："您给我布置的第三道题，我竟然做了整整一个通宵。"导师接过学生的作业一看，当即惊呆了。他用颤抖的声音对青年说："这是你自己做出来的吗？"青年有些疑惑地看着导师，回答道："是我做的。"导师请他坐下，取出圆规和直尺，在书桌上铺开纸，让他当着自己的面再做出一个正17边形。

青年很快做出了一个正17边形。导师激动地对他说："你知不知道，你解开了一桩有两千多年历史的数学悬案！阿基米德没有解决，牛顿也没有解决，你竟然一个晚上就解出来了，你是一个真正的天才！"这个青年就是数学王子高斯。

高斯最初并不知道这是一道有两千多年历史的数学难题，仅仅把它当作一般的数学难题时，只用了一个晚上就解出了它。高斯的确是天才，但如果当时老师告诉他那是一道连阿基米德和牛顿都没有解开的难题，结果可能是另一番情景。"你比你想象的更优秀"是每一个哈佛学子都懂得的道理，因为他们每个人都听过高斯的这个故事，教授也不止一次地鼓励过他们。

耶茨太太由于心脏不好，一年多来都躺在床上不能动，每天得在床上度过22个小时，最长的旅程是由房间走到花园去进行日光浴。即使这样，也还得靠着女佣的扶持才能走动。

但是后来她却重新恢复了健康，她说：

"我当年以为自己的后半辈子就是这样卧床了。如果不是日军来轰炸珍珠港,我永远都不能再真正生活了。

发生轰炸时,一切都陷入混乱。一颗炸弹掉在我家附近,震得我跌下了床。陆军派出卡车去接海、陆军军人的妻儿到学校避难。红十字会的人打电话给那些有多余房间的人。他们知道我床边有个电话,问我是否愿意当作联络中心。于是我记录下那些海、陆军军人的妻小现在留在哪里,红十字会的人会叫那些先生们打电话来我这里找他们的眷属。

很快我发现我先生是安全的。于是,我努力为那些不知先生生死的太太们打气,也安慰那些寡妇们——好多太太都失去了丈夫。这一次阵亡的官兵共计2117人,另有960人失踪。

开始的时候,我还躺在床上接听电话,后来我坐在床上。最后,我越来越忙,又很亢奋,忘了自己的毛病,我开始下床坐到桌边。因为帮助那些比我情况还惨的人,使我完全忘了我自己,除了每晚睡觉的8个小时,其余时间我再也不用躺在床上了。我发现如果不是日本空袭珍珠港,我可能下半辈子都是个废人。我躺在床上很舒服,我总是在消极地等待,现在我才知道,那时的我在潜意识里已失去了复原的意志。"

正是因为珍珠港事件,从潜意识激发出耶茨太太强烈的求生欲和爱心,这种积极的动力使她最终战胜了病魔,又重新站了起来。这个事例再一次证明了,你比想象中更优秀。

请记住这句话:你比自己想象的要优秀!我们每个人的潜能是无穷的,我们所见到的只是冰山一角,还有更多的潜能在等待着你去挖掘。请你多给自己一些肯定,把自己想象得更优秀一点,这样,你就会变得更加优秀。

你挖到自己的潜能宝藏了吗

在每个人的身体里面，都潜伏着巨大的力量。人体内都存在着巨大的内在力量，所以人人都能成就不朽的事业。一个人一旦能对内在的力量加以有效地运用，他的生命便永远不会陷于卑微贫困的境地。

"我创造，所以我生存。"哈佛教授尼古拉斯·罗杰斯的这句话，被无数哈佛学子奉为至理名言，无数事实也为这句话作了很好的佐证。

每一个人身上都蕴藏着无限的创新力，问题是看你如何认识"我能创新"这一点。创新力的开发受后天的诱导，特别是自身努力的程度和方式不同而出现很大的差异，只要认真培养与开发自己的创新力，就有可能收到意外的效果。

马克·扎克伯格是美国社交网站Facebook的创办人，被人们冠以"盖茨第二"的美誉。他是哈佛大学计算机和心理学专业的辍学生。据《福布斯》杂志保守估计，马克·扎克伯格拥有15亿美元身家，也是历来全球最年轻的自行创业亿万富豪。

在群雄逐鹿的互联网时代，他只是一个普通的大学生，没有什么突出的成绩，然而为什么能够在无数创业者中脱颖而出？很多人都想知道他成功的原因。在别人还在沿着老路进行创业的时候，2004年2月，还在哈佛大学主修计算机和心理学的他，要建立一个网站作为哈佛大学学生交流的平台。

当时，他也不知道自己能不能把这项任务完成，但他对自己有信心。他只用了大概一个星期的时间，就建立起了这个名为Facebook的网站。意想不到的是，网站刚一开通就大为轰动，几个星期内，哈佛一半以上的大学部学生都登记加入会员，主动提供他们最私密的个人数据，如姓名、住址、兴趣爱好和照片等。

学生们利用这个免费平台掌握朋友的最新动态，和朋友聊天，搜寻新朋友。很快，该网站就扩展到美国主要的大学校园，包括加拿大在内的整个北美地区的年轻人都对这个网站饶有兴趣，如今更是风靡全球。

马克·扎克伯格是一个再普通不过的哈佛学生，他没有过高的智商，但他创造了比哈佛高才生还要好的成绩，这是为什么呢？是因为他成功挖掘了自己身上的宝藏。

不管环境有怎样的限定，也没有一个人所无法解决的问题，对于强者来说，任何事情都不会太难。因为在每个人的身体里面，都潜伏着巨大的力量。只要你能发现并加以利用，这些力量，便可以帮你成就你所向往的一切东西。

人们体内的亿万细胞中，有着巨大的潜在力量。这种潜力要是能够被唤醒，就能做出种种神奇的事情来。然而大部分人好像都不明白这一点。有的患者在病势垂危、呼吸困难时听了医师或亲友的一席热烈恳切的安慰话后，竟然会起死回生。这种情况在医生看来，也是常有的事。一般来说，疾病之所以置人于死地，首先是因为患者失掉了对生命的渴望。

运用智慧来开发自身无限的潜能，就仿佛用一把万能金钥匙打开未来之门，它将带给你不可胜数的意外惊喜。思想、精神等是人类取之不尽、用之不竭的巨大宝藏，是伟大的造物者赋予我们珍贵无比的财富。

德国诗人歌德说过："人的潜能就像一种力量强大的动力，有时候，它爆发出来的能量会让所有人大吃一惊。"所以，不管你是谁，你的生命潜能都如同一座取之不尽、用之不竭的宝藏。

约翰是哈佛大学音乐系的一名学生，这天，他和往常一样走进了练习室，在钢琴上，摆着一份全新的乐谱。

"超高难度……"他翻着乐谱，喃喃自语，感觉自己对弹奏钢琴的信心似乎跌到谷底。已经3个月了！自从跟了这位新的指导教授之后，约翰不知道为什么教授要以这种方式整人。他勉强打起精神，开始用自己的十指奋战、奋战、奋战……琴音盖住了教室外面教授走来的脚步声。

约翰练习了1个星期，第二周上课时正准备让教授验收，没想到教授又给他一份难度更高的乐谱："试试看吧！"上星期的课教授也没提。约翰再次挣扎于更高难度的技巧挑战。第三周，更难的乐谱又出现了。

像往常一样，教授走进了练习室。约翰再也忍不住了，他必须向钢琴大师提出这3个多月来何以不断折磨自己的质疑。教授没开口，他抽出最早的那份乐谱，交给了约翰，"你来弹弹这份乐谱吧！"

不可思议的事情发生了，连约翰自己都惊讶万分，他居然可以将这首曲子弹奏得如此美妙、如此精湛！教授又让约翰试了第二堂课的乐谱，约翰依然呈现出超高水准的表现……演奏结束后，约翰怔怔地望着老师，说不出话来。

"如果，我不这样训练你，可能你现在还在练习最早的那份乐谱，也就不会有现在这样的程度……"教授缓缓地说。

每个人都拥有属于自己的钻石宝藏，这就是潜力。这些"钻石"足以使你的理想变成现实，但是它们的表面也许蒙着一层灰尘，只有将灰尘抹去，这些钻石才能闪耀出本来的光芒。

每个人心中都有一个美好的梦想，有的人希望能够享受高品质的人生，有的人希望能够以自己的能力带给他人幸福。现实生活的挫折和琐碎令人的追梦之路异常艰辛，却仍有人能够抵达成功的终点，那是因为他们发现了自己心中的巨人。

哈佛大学的校长科南特曾经说过："垃圾是放错了位置的财宝。"所以，天才和凡人也只是一线之隔。只要你相信自己是一块金子，那么，你就能发现一种永不坠落、永不衰败、永不腐蚀的力量，这就是人的潜能。

人的潜能是永远挖掘不尽的，而我们作为无限能量的代言人，自然也不应以自信破产的面貌出现。开发自己的潜能吧，这会让你受用不尽。

探索潜意识的奥秘

著名心理学家弗洛伊德将人的意识分为意识和潜意识。意识指人在清醒状态时对自己的思维、情感和行为所能察觉的内容；潜意识指潜隐在意识层面之下的感情、欲望等复杂体验，因为受到意识的控制和压抑，潜意识只是个体不能觉察的意识。

潜意识会依照我们心中所想的画面，构成真实事物。潜意识无法分辨事情是真还是假，一旦被接受，它终究要变成事实。只要有明确画面进入潜意识，潜意识立即会想尽办法把这个画面转为事实。只要我们给予潜意识一个画面，它就会努力将它实质化。

如果你的潜意识里充满悲观和绝望，它就会影响到你自身的行动,带给你消极失败的结果。如果能够积极地运用潜意识,则会达到意想不到的效果,甚至创造出奇迹来。

但现在我们对于潜意识的开发也仅仅是冰山一角,就算是爱因斯坦、达·芬奇、爱迪生这样卓越的天才人物,一生中也不过运用了他们不到2%的潜意识力量。潜意识大师摩菲博士说过:"我们要不断地用充满希望与期待的话来与潜意识交谈,于是潜意识就会让你的生活状况变得更明朗,让你的希望和期待实现。"

在1968年的墨西哥奥运会上,美国选手吉·海因斯以9.95秒的成绩打破了男子百米赛跑的世界纪录。当时的摄像镜头记录,他在撞线后回头看了一眼记分牌,然后摊开双手说了一句话。这一情景后来通过电视网络,至少被几亿人看到,但由于当时他身边没有话筒,海因斯到底说了句什么话,谁都不知道。

1984年,洛杉矶奥运会前夕,一位叫戴维·帕尔的记者在办公室回放奥运会的资料片。当再次看到海因斯的镜头时,他想,这是历史上第一次有人在百米赛道上突破10秒大关,海因斯在看到纪录的那一瞬,一定替上帝给人类传达了一句不同凡响的话。这一新闻点,竟被400多名记者给漏掉了(在墨西哥奥运会上,到会记者431名),这实在是太遗憾了。于是他决定去采访海因斯,问他当时到底说了句什么话。

凭借做体育记者的优势,他很快找到了海因斯,但是提起16年前的事时,海因斯一头雾水,他甚至否认当时说过话。戴维·帕尔说:"你确实说话了,有录像带为证。"海因斯观看了帕尔带去的录像带,看到当时的记录笑了,说:"难道你没听见吗?我说,上帝啊,那扇门原来虚掩着。"

谜底揭开后，戴维·帕尔接着对海因斯进行了采访。针对那句话，海因斯说："自欧文斯创造了10.3秒的成绩之后，医学界断言，人类的肌肉纤维所承载的运动极限不会超过每秒10米。看到自己9.95秒的纪录后，我惊呆了，原来10秒这个门不是紧锁着的，它虚掩着，就像终点那根横着的绳子。"

生命是有限的，而潜能是无限的，只要我们不断地认同自己，肯定自己，并有意识地开发自己的潜能，我们就一定能做得更好！

潜意识如同一部万能的机器，任何愿望都可以通过它实现，但需要有人来驾驭它，而这个人就是你自己，只要你有心控制，只让好的印象或暗示进入潜意识就可以了。只要我们不被负面的情绪所支配，而选择有积极性、正面性、建设性的事情，我们就可以左右自己的命运。

成功学家拿破仑·希尔说："潜意识是一块丰富的土壤，只要持续不断地耕耘，就会有种子在潜意识的土中生根、发芽、成长。"这种用植物来比喻潜能的作用和成效的说法是非常恰当的。潜意识就像富饶的土壤，所以我们要像农夫一样辛勤地耕耘，才能有所收获。

哈佛学者说：不是生活造就了你，而是潜意识造就了现在的你。

与意识一样，潜意识的心理活动也包括思维、记忆、情绪等，但不同的是这些心理活动不像意识所进行的活动那样有条不紊和具有逻辑性，它们模糊而不能为人所察觉，只能通过梦、口误以及其他一些方式间接地表现出来，尽管如此，这部分心理活动还是影响着人的行为。

第四章
影响一生的沟通艺术

第一节

所谓情商高，就是会沟通

学会换位思考

要学会对问题进行换位思考，不能只以自己的经验来解决问题。因为一旦缺少换位思考，得出的结论就特别容易带有偏见，过于武断地想当然肯定会使问题越来越糟。

从前有一个老国王，他的头脑很古怪。一天，老国王想把自己的王位传给两个儿子中的一个。他决定举行比赛，要求是这样的：谁的马跑得慢，谁就将继承王位。两个儿子都担心对方弄虚作假，使自己的马比实际跑得慢，就去请教宫廷的弄臣（中世纪宫廷内或贵族家中供人娱乐的人）。这位弄臣只用了两个字，就说出了确保比赛公正的方法。这两个字就是：换位。

换位，就是将自己摆放在对方的位置，用对方的视角看待世界。懂得换位，知道他人所思、所想、所感，是一个人拥有高情商的表现。

哈佛学者告诉我们：高情商者在社交活动中不盲目、不糊涂，因为他们能够设身处地为他人考虑，并根据对方的心灵活动来采取相应的对策，因而能获得良好的人际关系，取得较大的成功。

第四章 影响一生的沟通艺术　　95

约翰有一个年仅16岁却劣迹斑斑的女儿约瑟芬：抽烟、酗酒、乱交男朋友……这一切令约翰夫妇伤透了脑筋。

一天约翰夫妻在房内亲眼看到女儿回来了，但是她似乎挑衅般地与送她回来的男孩亲吻！约翰气得暴跳如雷，打算给约瑟芬一点颜色看看。

当这位在父母眼中已一无是处的女孩走进房门时，她看到了父亲因为愤怒而发抖的模样，他几乎是用咆哮着的声音对她吼了起来："你怎么能如此放肆？要知道我和你妈妈那么辛苦把你养大……"但约瑟芬显然并不想买账，她头也不回地往自己的房间走去，随着"嘭"的关门声，约翰夫妇被挡在了门外。

伤心的约翰夫人小心翼翼地对丈夫说："约翰，我们也许并不爱约瑟芬。""什么？不爱她为何还要如此管教她？否则，早放任她游荡了。""是这样的，"约翰夫人说，"但我们从来未进行换位思考。我们也许都太自私了，我们一味地教训她，从不考虑她的感受，或许她正为这个恼火呢。"经过约翰夫人这么一说，约翰仿佛看到了希望。他赶快到女儿的房间，第一件事是为刚才的态度道歉。

奇迹出现了，约瑟芬第一次痛哭流涕地说："我原来以为你们对我很失望，而且也不打算再教我什么了……"

是移情换位让约翰父女重新获得默契与温暖。人们常说，良好的沟通是心与心的沟通，其实移情换位又何尝不是心与心的沟通呢？生活中那些"善解人意"的人往往受到大家的喜爱和尊敬，原因就是他们能够做到移情换位，用别人的眼光来想问题、看世界，以别人的心境来体会生活，这样便拉近了人与人之间的距离。

然而在移情的过程中还需要看准对方身份再移情，这样方能产生巨大的能量。

在美国经济大萧条时期，有一位17岁的姑娘好不容易才找到一份在高级珠宝店当售货员的工作。在圣诞节的前一天，店里来了一位30岁左右的贫民顾客。

姑娘要去接电话，一不小心，把一个碟子碰翻，六枚精美绝伦的金戒指落到地上，她慌忙捡起其中的五枚，但第六枚怎么也找不着了。这时，她看到那个30岁左右的男子正向门口走去，顿时，她醒悟到了戒指在哪儿。

当男子的手将要触及门柄时，姑娘柔声叫道："对不起，先生！"那男子转过身来，两人相视无言，足足有一分钟。"什么事？"姑娘一时竟不知说些什么。"先生，这是我第一次工作，现在找个工作很难，是不是？"男子长久地审视着她，终于，一丝柔和的微笑浮现在他脸上。他转过身，慢慢走向门口。姑娘目送他的身影消失在门外，转身走向柜台，把手中握着的六枚金戒指放回了原处。

这位姑娘成功地要回了青年男子偷拾的第六枚金戒指的关键，就是在尊重谅解对方的前提下移情。对方虽是流浪汉，但此时握有打破她饭碗的金戒指，极有可能使她也沦为"流浪汉"。因此，"这是我第一次工作，现在找个工作很难"，这句真诚朴实的表白，饱含着惧怕失去工作的痛苦之情，也饱含着恳请对方，怜悯的求助之意，终于感动了对方。

哈佛教授教导学生：大凡成功的人，都是这样运用不同的方法去观察、研究他所要影响的一些人，然后反过来按照他们的心理需求去满足他们。

每个人天生都会有一定程度的体察他人情感的敏感性。一个人如

第四章 影响一生的沟通艺术

果没有这种敏感性,就会产生情感失聪。这种失聪会使他在社交场合不能与其他人和谐相处,或是误解别人的情绪,或是说话不考虑时间场合,或是对别人的感受无动于衷。所有这些,都将破坏人际关系。

换位思考不仅对保持人与人之间的和睦关系非常重要,而且对任何与人打交道的工作来说,都是至关重要的。无论是搞销售,还是从事心理咨询,或给人治病,以及在各行各业中从事领导工作,能体察别人的内心,常进行换位思考,都是取得优秀成绩的关键因素。

站在对方的角度看问题

我们没有必要把自己的想法强加给别人,却必须学会从他人的角度思考问题。以心换心的方式与人交往,甚至是自己的亲人也要站在对方的角度去感受,这才是一个高情商的人。

一位母亲在圣诞节带着5岁的儿子去买礼物。大街上回响着圣诞赞歌,橱窗里装饰着彩灯,盛装可爱的小精灵载歌载舞,商店里五光十色的玩具琳琅满目。

"一个5岁的男孩将以多么兴奋的目光观赏这绚丽的世界啊!"母亲毫不怀疑地想。然而她绝对没有想到,儿子呜呜地哭出声来。"怎么了,宝贝?""我,我的鞋带开了……"母亲不得不在人行道上蹲下身来,为儿子系好鞋带。母亲无意中抬起头来,啊,怎么什么都没有?没有绚丽的彩灯,没有迷人的橱窗,没有圣诞礼物……原来那些东西都太高了,孩子什么也看不见!这是这位母亲第一次从5岁儿子目光的高度眺望世界。她感到非常震惊,立即起身把儿子抱了起来……

从此这位母亲牢记,再也不要把自己认为的"快乐"强加给儿子。"站在孩子的立场上看待问题",这位母亲通过自己的亲身体会认识到了这一点。

孩子看见的东西,母亲不一定能看到,而母亲能看到的东西,孩子不一定能看到。然而如果母亲放低身子或让孩子抬高角度,那么彼此肯定就会有不一样的感受。在与人交往的过程中也要站在对方的角度看问题,如果把角色"互换"一下,就很可能轻松地打破僵局。

斯特准备招待几个朋友。当他拉开汽车车门时,由于用力过度,车门坏了。他流下了眼泪。这时,他的朋友正好赶来,便上前劝他。

第一个朋友道:"唉,车门又值不了多少钱,再去买一扇不就行了!又何必哭得如此伤心呢?"

第二个朋友道:"我建议你到法院去,控告制造这汽车的厂商,请求赔偿。反正官司打输了,也不用你付钱啊!"

第三个朋友道:"你能够将这车门给弄坏,像你这么强的臂力,我连羡慕都还来不及呢?你又有什么好哭的啊?"

第四个朋友道:"不用担心,大家一起来研究看看,一定有什么东西,可以将车门装好,我们一定可以找到方法的!"

"你们所说的这些,都不是我要哭的原因。真正的重点是,我明天非得要花费几个小时,才可以修好车,这样就不能带大家一起出去兜风了……"斯特答道。

每个人都有自己既定的习惯和立场,因而容易忘却他人的想法。那么,换位思考到底是什么呢?其实就是从对方的立场来看事情,以别人的心境来思考问题。换位思考不但需要转换思维模式,还需要一点好奇心来探求他人的内心世界。

推销大师吉拉德说:"当你认为别人的感受和你自己的一样重要

时，才会出现融洽的气氛。"我们需要多从他人的角度考虑问题，如果对方觉得自己受到重视和赞赏，就会报以合作的态度。但如果我们只强调自己的感受，别人就不会与你交往。

在美国的一次经济大萧条中，90%的中小企业都倒闭了，一个名叫克林斯的人开的工厂也面临倒闭。克林斯为人宽厚善良，慷慨体贴，交了许多朋友。在这举步维艰的时刻，克林斯想要找那些朋友帮帮忙，于是就写了很多信。可是，等信写好后才发现：自己连买邮票的钱都没有了！

这同时也提醒了克林斯：自己没钱买邮票，别人的日子也好不到哪里去。于是，克林斯把家里能卖的东西都卖了，用一部分钱买了一大堆邮票，开始向外寄信，还在每封信里附上2美元，作为回信的邮票钱。

他的朋友和客户收到信后，都大吃一惊，因为2美元远远超过了一张邮票的价钱。每个人都被感动了，他们回想了克林斯平日的种种好处和善举。

不久，克林斯就收到了订单，还有朋友来信说想要给他投资，一起做点什么。他的生意很快有了起色。在这次经济萧条中，他是为数不多站住脚而且有所成的企业家。

试想如果克林斯没有站在对方的角度想问题，也许他不会收到订单，更不会起死回生。可见为对方着想就是为自己着想，这才是高情商者应具备的品质。

哈佛学者告诉人们：在人际交往中，千万不要以自我为中心而完全不顾他人的颜面、立场，如果将自己的价值标准强加在别人的头上，轻则得到的是不和谐的人际关系，重则可能使自己头破血流、一无所获。

　　时常有些人抱怨自己不被他人理解，其实，换个角度可能别人也有同样的感受。当我们希望获得他人的理解，想到"他怎么就不能站在我的角度想一想呢"时，我们也尝试自己先主动站在对方的角度思考，也许会得到一种意想不到的答案。许多矛盾误会等也会迎刃而解。

　　卡耐基有一个保持了多年的习惯，即经常在他家附近的公园内散步。令他痛心的是，每一年公园的树林里都会失火。这些火灾几乎全是那些到公园里野餐的孩子们引起的。卡耐基决定尽自己所能改变这种状况。他威胁不听话的孩子叫警察把他们抓起来。卡耐基后来说自己只是在发泄某种不快，根本没有考虑过孩子们的感受。那些孩子即使服从了，等卡耐基一走，他们很可能又把火生了起来。

　　后来，卡耐基意识到必须换一种方式来和那些孩子沟通。当他再次看到孩子们在树林里生火时，就微笑着问他们："孩子们，你们玩得高兴吗？"卡耐基尝试和孩子们打成一片。在与孩子交往中给他们灌输不要玩火的思想。比如：生火时要离枯叶远一点，不要在大风的天气中生火，等等。孩子们立刻就照做起来。

　　显然，卡耐基后面的做法效果大不一样，那些孩子很愿意合作，而且毫不勉强。事实证明，只要我们多考虑别人的感受，多从别人的角度看问题，即便是很尖锐的矛盾也能缓和下来。因此，如果你想得到别人的配合，最好真诚地从他的角度来考虑。

　　在纽约银行工作的芭芭拉·安德森，为了儿子身体的缘故，想要迁居到亚利桑那州的凤凰城去。于是，她写信给凤凰城的12家银行求职。她的信是这么写的：

敬启者：

我在银行界的10多年经验，也许会使你们快速增长中的银行对我感兴趣。

本人曾在纽约的金融业者信托公司，担任过许多不同的业务处理工作，现在则是一家分行的经理。我对许多银行工作，诸如：与存款客户的关系、借贷问题或行政管理等，皆能胜任。

今年5月，我将迁居至凤凰城，故极愿意能为你们的银行贡献一己之长。我将在4月初的那个礼拜到凤凰城去，如能有机会作进一步深谈，看是否能对你们银行的目标有所助益，不胜感谢。

芭芭拉·安德森谨上

你认为安德森太太会得到回音吗？最后11家银行均表示愿意面谈。所以，她还可以从中选择待遇较好的一家呢！为什么会这样呢？安德森太太并没有陈述自己需要什么，只是说明她可以对银行有什么帮助。她把焦点集中在银行的需要，而非自己。

卡耐基有一个避免争执的神奇句子："我不认为你有什么不对，如果换了我肯定也会这样想。"这句话能使最顽固的人改变态度，而且你说这句话时并不是言不由衷，因为人类的欲望和需求是大致相同的，如果真的换了你，你就会有他那样的想法和感觉，尽管你也许不会像他那样去做。

有效沟通，才能真正"知彼"

表达自己是谋求双赢之道不可缺少的，了解别人固然重要，但我们也有义务让自己被人了解。这就需要良好的沟通能力。人与人的交往需要沟通，良好的沟通能力在工作中是不可缺少的，一个高效能人士绝不会是一个性格孤僻的人，相反应当是一个能设身处地为别人着想、充分理解对方、不针锋相对地对待他人的人，这其中就蕴含着沟通的艺术与技巧。

一个高情商人士通常都具备出色的沟通能力，因此，他必须是一个话题高手，善于谈论他人感兴趣的话题。

凡拜访过罗斯福的人，都很惊叹他知识的渊博。"无论是牧童、野骑者、纽约政客或外交家，"布莱特福写道，"罗斯福都知道同他谈什么。"他是怎么做的呢？

答案极为简单。无论什么时候，罗斯福每接待一位来访者，他会在前一个晚上迟一点睡觉，以便阅读客人特别感兴趣的话题。因为罗斯福同所有的领袖一样，知道赢得人心的秘诀，那就是与他谈论他最感兴趣的事情。

所以，如果我们想在沟通中更好地影响他人，就应当养成谈论他人感兴趣的话题这个好习惯，这样才能真正"知彼"。

一个出色的沟通者还必然是一个主动的沟通者，相对于被动沟通者而言，前者更容易与他人建立并维持良好的人际关系，更容易在人际交往中获得成功。

沟通时要注意保持高度的注意力，因为没有人喜欢自己的谈话对象总是左顾右盼、心不在焉的。沟通中最佳的表达应该是信息充分而又无冗余的。最常见的例子就是，你一不小心踩了别人的脚，那么一声"对不起"就足以表达你的歉意，如果你还继续说："我实在不是有意的，别人挤了我一下，我又不知怎的就站不稳了……"这样啰唆反倒令人反感。

钓鱼的时候，必须放对鱼饵。成功的人际关系在于你能捕捉对方观点的能力，还有看一件事须兼顾你和对方的不同角度。天底下只有一种方法可以影响他人，那就是提出他们的需要，并让他们知道怎样去获得。

我们可以作这样的比喻：如果你不让你的孩子吸烟，你无须训斥他，只要告诉孩子，吸烟者不能参加棒球队，或者不能在百码竞赛中夺标就可以了。不管你要应付小孩，或是一头小牛、一只猿猴，这都是值得你注意的一件事。

有一次，爱默生和他的儿子想使一头小牛进入牛棚，他们就犯了一般人常犯的错误，只想到自己所需要的，却没有顾虑到那头小牛的立场——爱默生推，他儿子拉。而那头小牛也跟他们一样，只坚持自己的想法，于是就挺起它的腿，强硬地拒绝离开那块草地。

这时，旁边的爱尔兰女佣人看到了这种情形，她虽然不会写文章，可是她颇知道牛马的感受和习性，她马上想到这头小牛所要的是什么。

女佣人把她的拇指放进小牛的嘴里，让小牛吸吮着她的拇指，然后再温和地引它进入牛棚。

从我们来到这个世界上的第一天开始，我们的每一个举动，每一个出发点，都是为了自己，都是为了我们的需要而做。

哈雷·欧佛斯托教授在他一部颇具影响力的书中谈道："行动是从人类的基本欲望中产生的……对于想要说服别人的人，最好的建议是无论在商业上、家庭里、学校中、政治上，在别人心念中激起某种迫切的需要，如果能把这点做成功，那么整个世界都属于他的，再也不会碰钉子走上穷途末路了。"

拥有卓越情商的人，通常都是人际高手。他们能够轻松解决一些别人认为很棘手的问题，有时甚至是化解危机。沟通良好能够促进双方的理解，从而达成互相的信任，而不会沟通的人则会把事情越弄越糟。

人造奶油发明之初，尽管人造奶油业者确信无论品质、味道、营养价值，均可以取代天然奶油，而且广做宣传，鼓吹人造奶油的优点，可是，美国民众还是认为人造奶油的味道较天然奶油差而不愿意购买。

商家想出一个计策：他们邀请数十位家庭主妇参加午餐会。餐后，询问她们是否能够辨别天然奶油和人造奶油？90%以上的主妇，均极有信心地表示能够分辨，人造奶油较为油腻，吃起来似乎有股臭味，令人不敢领教。这时，支持实验的人员，分给每位妇女两块奶油，一黄一白，请她们品尝辨别。结果，95%以上的妇女，认为白色奶油味道鲜美、香醇，一定是天然奶油。至于黄色的奶油，色泽不佳，准是人造奶油！

事实却正好相反，白色的是人造奶油。主妇们基于传统的习惯，印象中好的奶油应该是洁白而稍带光泽，所谓味觉的分辨，也纯粹是心理作用，其实没有什么根据。在事实和切身体验之后，她们不得不放弃人造奶油不如天然奶油的成见。

很显然，上面事件的策划者是不可多见的高情商者，他们懂得他们的目标不是要"打倒"这些家庭主妇，也不是要靠激烈的辩论来赢取产品之利。他们的最终目标是通过以上的行为使他们之间产生信任的基础——理解，这是沟通的重要目的。

第二节

高情商的交际技巧

让别人喜欢你

我们每个人都生活在社会中，扮演着社会人的角色，人与人之间的交往要想进行得顺利，从表面上看，需要具备各种场合和条件，而从深层来看，是需要交往的双方能够找到共同点，拉近彼此的距离，扫除交往障碍，接下来的事情就会变得容易很多。简而言之，就是如果你想让自己成为一个可以影响别人的人，首先是要成为一个让别人喜欢的人，而这点往往会带来意想不到的效果。

有一位老谋深算的公司经理计划利用现任职位上的客户资源开办一家新公司赚笔大钱。于是他找了两名以前的手下，共商创业的事。后来他发现若只有他们三个人，人数太少，将很难成功。于是他要他的手下另外再找七个人，以便组成十个人的创业团队。

他的手下顺利地找到了他们所需要的人手。这位经理却发现，他与这七个新伙伴根本就不认识，他们是否值得信任实在是一个大问题。

于是他想到了每晚分别与一个新伙伴共进晚餐的好办法。席间他除了交代各人所负的任务之外，还郑重地向他们表示"我也跟你们一样需要钱"！

结果，由于彼此有了共同的目标，这个计划最后终于成功了。

上例中，由于彼此有着共同的目标，因而迅速拉近了彼此之间的距离，最终实现了计划。其实很多事情都是如此，如果你与对方有共同的目标，则很容易就能增加彼此之间的亲密感。除了共同目标能够增强亲密感之外，还有其他一些增强亲密感的技巧。美国前总统林顿·贝恩斯·约翰逊就有一套严格的交际准则，这些准则对他的成功发挥了重大作用。

这些准则是：

★记住别人的名字。如果你没做到这点，就意味着你对人不友好。

★平易近人，让别人跟你在一起觉得很愉快。

★要有大将风度，不为小事而烦恼。

★不要自高自大，做一个谦虚的人。

★培养广泛的兴趣和爱好，充实自己，使别人在与你的交往中得到一些有价值的东西。

★检查自己，去除所有不良习惯和令人讨厌的东西。

★不结冤仇，消除过去的或现在的与他人的冤仇和隔阂。

★爱所有的人，真诚地去爱他们。

★当别人取得成绩的时候，去赞赏他们；当他人遇到挫折或不幸的时候，去同情他们，安慰他们，给他们以帮助。

★精神上给人以鼓励，你也会得到他们的支持。

其实不但林顿·贝恩斯·约翰逊有着自己的交往准则，很多高智商的成功人士在人际交往过程中都有类似的技巧，通过对他们交往技巧的总结，我们知道，要想尽快成为别人喜欢的人，增加亲密感，增加成功的概率，我们可以试着练习以下的一些交往技巧：

★与人初次相见，坐在他的旁边较易进入状态。相信每个人都有过这样的经验，那就是与人面对面谈话时，往往会特别紧张。因为人与人一旦面对面，眼睛的视线难免会碰在一起，容易造成彼此间的紧张感。

相反地，与人肩并肩谈话，在精神上绝对比面对面谈话要来得轻松。因此与人初次相见，坐在他的旁边往往较容易进入状态。这一点同样适用于与异性约会的时候。

★尽量制造与对方身体接触的机会，可以缩短彼此间心理的距离。事实上，每个人都拥有一个无形的"自我保护圈"。通常除非是非常亲密的人，否则不容易侵入这个范围。但反过来说，若对方已经侵入了这个圈内，则往往就会产生对方是自己亲密者的错觉。

人与人之间有了直接的身体接触，彼此间的距离会一下子缩短了许多。因此，若想在短时间内缩短与刚认识者间的心理距离，最简单的方法就是尽可能地制造与对方身体接触的机会。

★若与对方有共同点，就算再细微的也要强调。"你家住哪儿……喔，那个地方我以前常去，附近是不是有一家卖香烟的杂货店？"像这样，只要是可以拉近彼此距离的话题，就算再细微的也要强调。

人与人之间一旦有了共同点，就可以很快地消除彼此间的陌生感，产生亲近的感觉。这样不但可以使对方感到轻松，同时也具有使对方说出真心话的作用。

事实上，我们每个人都具有这样相同的心理。例如两个陌生人一旦发现彼此竟然曾就读于同一所小学，顷刻间就会产生"自己人"的感觉，立刻会打成一片。找一些共同点强调一下，往往会收到意想不到的效果。

★**常用"我们"这两个字可以拉近彼此间的距离**。有位心理专家曾经做过一项有趣的实验。他让同一个人分别扮演专制型、放任型与民主型等三种不同角色的领导者,而后调查其他人对这三类领导者的观感。结果发现,采用民主方式的领导者,他们的团结意识最为强烈。而研究结果又指出,这些人当中使用"我们"这个名词的次数也最多。

事实上,我们在听演讲时,对方说"我认为……"带给我们的感受,将远不如他采用"我们……"的说法,因为采用"我们"这种说法,可以让人产生团结意识。

★**每次见面都找一个对方的优点赞美,是拉近彼此间距离的好方法**。有一家商店生意非常兴隆,原因就在于他们店里的每一位店员,都善于与购物的人聊天。他们除了会向客人打招呼之外,还不断地找客人的优点来夸赞。例如,他们会向一位太太表示"您这件衣服很漂亮",然后向另一位太太表示"您的发型很好看"!他们虽然不断地赞美别人,却是按每一位客人不同的个性,选择适当的赞美词。因此很自然的,这些客人在潜意识中,就会产生到这家商店购物就可以受到赞美的心理,因而越来越喜欢到这家商店。

如果我们每次见面都被人夸赞,自然而然地会想再见到这位赞美我们的人,这是任何人都会有的心理。因此每次见面都找出对方的一个优点来赞美,可以很快地拉近彼此间的距离。

★**闲聊自己曾经失败的事比谈自己成功的事,更易拉近彼此间的距离**。人们在一起的时候,常会聊一些话题,来拉近彼此间的距离。此时若谈自己曾经失败过的事,会比谈自己成功的事,更容易拉近彼此间的距离。因为老是炫耀自己成功的光荣事情,容易让人产生反感,留下不好的印象。

★将与自己关系密切的人名,写在电话记事簿的首页,会让他欣喜万分。当你到一位交往很久的同事家做客,你们尽兴地谈完准备回家的时候,他对你说:"这些文件待会儿再送到您家。"说完他顺手打开电话记事簿,准备确认你的电话号码与住址。突然间你发现,你的名字竟然被写在第一位,老实说,你当时一定非常高兴!

每个人对自己都非常敏感,因此一旦发现自己受到与众不同的待遇时,不是感到非常兴奋就是感到非常愤怒。

如果将与自己关系密切的人名写在备忘录的首页,往往可以让对方感到高兴,并收到意想不到的效果。

如果我们能够像高情商的人那样,掌握一些基本的交往技巧,我们也会成为让别人喜欢的人,这无疑会增加我们成功的概率。

开启第一印象的钥匙——仪表

有很多人都觉得仪表不重要,只要有能力有才干就可以了,殊不知有时候不注意仪表可能会影响别人对自己的评价,从而丧失很多机会。

有一个青年人在面试时由于扣错了扣子,给面试官留下了很差的印象,尽管他在后来的面试中表现十分优秀,但他最终未被录取。助手问及原因,面试官说:"一个连自己的仪表都不注重的人,很难相信他会在我们这里做好。"由此可见,一个人的仪表对人际交往有着很大的影响,人们往往会从一个人的仪表来判断一个人的个性和做事认真的程度。

仪表不仅仅是关系到个人,有时它还体现了对别人是否尊重的问题。

珍妮和劳拉同时到一家著名广告公司应聘美编。仅从两个人的作品上看,水平不相上下。不过珍妮在思路方面略胜一筹,因为她已做过3年的美编。两个人一起被通知参加试用,但只能留下一个。

珍妮上班时间从来都是一身T恤短裤的打扮,甚至光脚穿一双凉拖鞋,也不顾电脑室的换鞋规定,穿着鞋就往里走,还振振有词地说:"以前公司里的人都这样。"相反,劳拉是第一次工作,多少有点拘谨,穿着也像她的为人一样——文静、雅致之外,带着少许灵气。她从来不通过发型、化妆来标榜自己是搞艺术的,只是在小饰物上显示出不同于一般女孩子的审美观,说话也温温柔柔的,十分可爱。

有一天中午,办公室弥漫着腥臭的味道,弄得所有人都互相用猜疑的目光观察对方的脚,想弄清到底谁是"发源地"。后来,大家听见窗台下面有响声,一看,原来那里放着一个黑色塑料袋,打开一看,居然是一大袋海鲜。众人的目光不约而同地集中到珍妮的身上,没想到她坦坦荡荡地说:"小题大做,原来你们是在找这个。嗨,这可怪不得我,这里的海鲜一点都不新鲜。"这时劳拉端来一盆水:"珍妮,把海鲜放在水里吧,我帮你拿到走廊去,下班后你再装走。"珍妮红着脸把袋子拎走了。

结果,试用期结束,珍妮背包走人,尽管她的方案比劳拉做得好,但是老板不想因为留下这样一个太没有风度的人而得罪一大批雇员。

仪表是很微妙的东西,像珍妮那样的人因为不重仪表而抹杀了自己能力的锋芒。有的时候,仪表往往就是对人最有用的东西。

纽约一家极具规模的百货公司里人力资源部经理谈到他雇人的标准时说,他宁可雇用一个有可爱的微笑、小学还没有毕业的女孩子,也不愿意雇用一个冷若冰霜的博士。在我们涉足社会时，一定不要忘了带好仪表这封推荐信，否则当心别人买椟还珠——纵然你是颗灿烂的宝石，也可能被埋没。

一位著名的学者曾经这样说过：仪表有时候是内涵和思想的象征。意思是说人可以通过衣着打扮、举止风度等来向外界展示自己，一个知道怎么取悦别人情绪的高情商人士，往往都很注意自己的仪表。虽然有时候仪表仅仅是一些生活中的细节，但是也正是这些小细节，可能会决定着一个人的机会和成败。

个性的吸引力

哈佛人之所以能够通过不同的方式成功，就在于他们十分注重对自己个性的培养。

个性是体现一个人人格魅力的重要方面，它确实会对人在交往活动中产生一定的影响。如果一个人外表漂亮，却丧失自我，只会人云亦云、随波逐流，丝毫没有自己的个性。在与这样的人交往时，可能一开始我们会被他们的外貌迷惑，但时间久了，我们可能就会失去进一步了解他们的兴趣；而一个充满个性魅力的人往往就像陈年的老酒，越品越香，使人们越来越愿意与其交往。一个人出色的外貌、才华固然在社会交往中有一定优势，但一个人的个性品质往往在社会交往中更显出其独特的魅力。

但是并不是所有的人都愿意展示自己的个性魅力，人们往往会因为自卑或其他原因不敢展示自己的个性，久而久之，不但没有使自己发展出有魅力的个性，反而还可能丧失自己原有的性格，十分可惜。

其实人生的舞台像一座花团锦簇的花园,既有富贵的牡丹,也有娇艳的玫瑰,鸢尾在墙角静静绽放,郁金香诉说着热烈的爱。在这娇艳芬芳的世界里,即使是一盆长满刺的仙人球也有自己独特的魅力。

所以,千万不要随波逐流地放弃你的个性,它的魅力是你汇聚力量的重要法宝。不要被世俗的审美和偏见所束缚,只有没有力量保护自己个性的人才会在尖锐的批判或者无端的蔑视中割舍自己的个性。那些可怜的人,自以为由此得到了大众的认可,却不知道失去棱角的自己已经沦为他人观点的奴隶。

有一个美丽的果园,里面种着苹果树、橘子树、梨树、橡树,浪漫的园丁甚至在围墙边种上了玫瑰花。这里真是一个幸福的天堂,每一个鲜活的生命都是那么生机盎然,它们相依相伴,每天都尽情地享受着大自然的清新、生活的无穷乐趣,满足地生活在这一方小小的天地之中。

可是,在这之前的一段时间里,果园里的情形却并非如此,有一棵小橡树终日愁容满面。可怜的小家伙一直被一个问题困扰着,它不知道自己是谁。大家众说纷纭,更加让它困惑不已。

苹果树认为它不够专心:"如果你真的尽力了,一定会结出美丽的苹果。"

玫瑰说:"别听它的,开出玫瑰花来才更容易,你看我多漂亮。"

失望的小橡树越想和别人一样,就越觉得自己失败。

一天,一只百灵鸟飞进了果园里,他看到小橡树在一旁闷闷不乐,便上前打听。听完小橡树的倾诉,它说:"世界上许多人面临着同样的问题,让我来告诉你怎么办吧!不要再把生命浪费在去变成别人希望你成为的样子,你就是你自己,你永远无法变成别人,更没有必要变成别人的样子,你要试着了解你自己,做你自己。所以,从现在开始,你要聆听自己内心的声音,发展自己的个性。"说完,百灵鸟就飞走了,留下了小橡树独自思考。

它思来想去,也没有得到答案。清晨,当第一缕阳光照射到它的身上,一滴露水从树梢的一片叶子上滴落,落在小橡树脚下的石板路上,发出了清脆的声音。刹那间,它茅塞顿开,听到了内心的声音:"你永远都结不出苹果,因为你不是苹果树;你也不会每年春天都开花,因为你不是玫瑰。你是一棵橡树,你的命运就是要长得高大挺拔,给鸟儿们栖息,给游人们遮阴,创造美丽的环境。你有你的使命,去完成它吧!"

小橡树终于快乐起来,很快它成长为一棵参天大树,为园中的幼苗遮蔽着风雨,成为林中鸟儿的天堂,也赢得了大家的认可和尊重。

我们可能都曾经像这棵小橡树那样迷茫过,但是纵观那些成功的人士,他们往往并不是说有多高的智商或者多好的机会,而是发现了自己真实的个性,并把它发挥到了极致。如果我们愿意正视我们的个性,我们也不用羡慕他人,因为我们也可以像他们那样,成为一个充满个性魅力的人。因为每个人都是独立的、别具特色的。有一位学者说过:真我高于一切,无论白天还是黑夜,我就是我,无论面对任何人,我就是我。

但是我们必须明白一点,在我们发展自己个性的时候,我们要摒弃那些让人厌恶的个性,发展出让别人喜欢的个性。从这个意义来说,让人感觉舒服的成功人士往往是那些不但拥有个性,而且拥有良好个性的人。

心理学家诺尔曼·安德森曾进行了一次研究,他共列出 555 个描写人个性的形容词,让被试者指出他们在多大程度上喜欢一个有这些特点的人。研究结果表明:被试者评价最高的品质是真诚和真实,而评价最低的是说谎和虚伪。在这两个极端之间,包含着很多良好的个性,如热情、忠诚、慷慨、有教养、体贴,等等。

人格优秀、个性良好的人,不仅受人欢迎,而且能得到别人的扶助。也许他们没有雄厚的资产,但其在事业上成功的机会,较之那些虽有资产却缺乏良好个性吸引力的人要大得多。

因此,不管遭遇怎样的环境,我们都要时时不忘发展自己的良好个性,毕竟人生中最大的事,不是赚钱,而是要把我们内在的最高力量、最美善的天性,充分地发挥出来。这样,我们就能像磁铁一样,成为具有吸引力且受人欢迎的人,从而吸引你所愿意吸引的任何人到你的身旁,赢得友谊、关爱和帮助,为自己的成功作好铺垫,从另一个方面来讲,这也是一种成功。

赞美的影响力

哈佛告诉学生:赞美是人际交往中最好的润滑剂。赞美是对别人长处的承认和赞扬,它不同于奉承,不是虚伪,赞美往往是既激励别人又有益于自己的事情。从心理学的角度来讲,渴望赞美和欣赏也是大多数人的心理要求,只有被肯定,人才会觉得自己生存得有价值。

幽默作家马克·吐温说:一句赞美可以支撑我活两个月。美国总统罗斯福有一种本领,对任何人都能给予恰当的赞美。

林肯也是善于使用赞美的高手。韦伯这样评价林肯:"拣出一件足以使人自矜并引起兴趣的事情,再说一些真诚又能满足他自矜和兴趣的话，这是林肯日常必有的作为。"

林肯曾说："一滴蜜比一加仑胆汁能捕到更多的苍蝇。"

人类最渴望的就是精神上的满足——被了解、被肯定和被赏识。对我们来说，赞美就如同温暖的阳光，缺少阳光，花朵就无法开放。

赞美别人是给予的过程。许多人总是记得，在沮丧、绝望、萎靡不振时，别人的赞美曾经给予过他们多么大的快乐，多大的帮助。不管是多么冷漠的人，对于赞美和认可也很少设防，往往一句简单又看似无心的赞美，一个认可的表情就是良好关系的开端，人与人的距离由此拉近。

正如前面所说，许多成功的人士都有赞美别人的良好习惯，他们不像普通人那样，总是纠结于别人不好的地方，而是把目光放在别人的长处上面，并对之大加赞美，这种赞美有时候竟然会改变另外一个人的一生。

大音乐家勃拉姆斯出生于汉堡。他家境贫寒，少年时便为生活所迫混迹于酒吧里。他酷爱音乐，却由于是一个农民的儿子，无法得到教育的机会，所以，对自己的未来他毫无信心。然而，在他第一次敲开舒曼家大门的时候，根本没有想到，他一生的命运就在这一刻决定了。

当他取出他最早创作的一首C大调钢琴奏鸣曲草稿，弹完后站起来时，舒曼热情地张开双臂抱住了他，兴奋地喊道："天才啊！年轻人，天才！……"这发自内心的由衷赞美，使勃拉姆斯的自卑消失得无影无踪。从此，他如同换了一个人，不断地把他心底的才智和激情宣泄到五线谱上，成为音乐史上一位卓越的艺术家。

在与别人交往的过程中，我们都要学会主动去赞美人，赞美是免费的，但是它又是最具价值的货币，价值无限，因为不管是赞美者还是被赞美者都可以从它身上得到很多。

赞美不仅会提升被赞美者的自信心,增加他们生活的勇气,还可以使赞美者受益。在人际交往中,约翰·洛克菲勒就善于真诚赞美他人,以此来维系良好的人际关系,使对方为自己更努力地工作。

一次,洛克菲勒的一个合伙人爱德华·贝德福特,在南美的一次生意中,使公司损失了100万美元。然后,贝德福特丧气地回来见洛克菲勒,洛克菲勒本可以指责他的过失,但是他并没有这样做,他知道贝德福特已经尽力了,更何况事情已经发生了,并不能因此而把他的功劳全部抹杀,于是洛克菲勒另外寻找一些话题来称赞贝德福特,他把贝德福特叫到自己的办公室,对他说:

"这太好了,你不仅节省了60%的投资金融,而且也为我们敲了一个警钟。我们一直都在努力,并且取得了几乎所有的成功,还没有尝到失败的滋味。这样也好,我们可以更好地发现自己的错误和缺点,争取更大的胜利。更何况,我们也并不能总是处在事业的巅峰时期。"

洛克菲勒的几句话,把贝德福特夸得心花怒放,并下决心下次一定要好好注意,不再犯类似的错误。

无独有偶,某公司的一个清洁工,本来是一个最被人忽略的角色,他却在一天晚上,与偷窃公司钱财的窃贼进行了殊死搏斗。在颁奖大会上,主持人问他的动机时,他的回答让人们大吃一惊。他说:"公司的总经理经过我身边时,总会赞美一句'你打扫得真干净'。"

可见,学会真诚地赞美别人是多么的重要。学会赞美别人不但符合时代的要求,还是衡量现代人素质和交际水平的一个重要标准。但是赞美不是奉承,也不是毫无来由地乱夸,而是要讲求一定的技巧:

★借别人之口转达赞美。

★赞美要真诚、公正。

★赞美要得体。

★赞美要及时而不失时机。

★寻找对方最希望被赞美的内容。

★赞美要从细节着手,忌俗套、空洞。

如果我们每个人都会发自内心地赞美别人的长处,反省自己的不足,无疑会使我们自己在人格上变得更完善,也更易得到别人的认可和欢迎。学会真诚地赞美别人还是修养性情的需要,它有助于我们达到更高的人生境界。

第三节

情商与影响力

情商与影响力

　　哈佛告诉学生，高情商的人往往都是一些影响力很强的人。

　　从下面这个例子里面，我们可以看到情商的高低对人的影响是多么的不同。

　　老者在路边打坐。这时，一个过路的武士打断了他的沉思："老头！告诉我什么是天堂，什么是地狱！"

　　开始老者毫无反应，好像什么也没听到。渐渐地，他睁开双眼，嘴角露出一丝微笑。武士站在旁边，迫不及待。

　　"你想知道天堂和地狱的秘密？"老者问，"你这等粗野之人，手脚沾满污泥，头发蓬乱，胡须肮脏，剑上锈迹斑斑，一看就没有好好保管。你这等丑陋的家伙，你娘把你打扮得像个小丑，你还来问我天堂和地狱的秘密？"

　　武士气急败坏，拔出剑来，举到老者头上，他满脸通红，血脉贲胀，脖子上青筋暴露，利剑就要落下，老者忽然轻轻说道："这就是地狱。"

　　刹那间，武士惊愕不已，肃然起敬，对眼前这个敢用生命来教育他的瘦弱老者充满怜悯和敬意。他的剑停在半空，他的眼中满是感激的泪水。

"这就是天堂。"老者说道。

人人都有七情六欲，面对生活时，不可能永远心如止水，都会有情绪的波动。就像故事中的武士一样，当老者无缘无故地数落他一番时，他必然会感到屈辱，甚至在这种情感的支配下，差点杀掉老者。幸亏，在老者及时点拨下，武士才注意到自己的行为，遂对老者产生怜悯与敬意。

这个武士的情商不能说很高，因为他的情绪很容易被别人左右；而那个老者却具有很高的情商，他不但在威胁面前保持着平稳的情绪，还能够影响着武士的情绪，并能够在这个过程中使武士得到点化，可谓是控制自己情绪和影响别人情绪的高手。

在这个例子中，我们不但看到情商高低的标准不同，还能从中体悟到影响力的存在，那么影响力又是什么呢？

影响力不同于能力，能让其他人在短期的实践中感觉得到；更不同于智力，大家可以评估出来。影响力就是一种独特的魅力，时时刻刻影响着我们，并且给予对方一种神奇的力量，甚至可以影响身边的人一生。

有人笑称，人生就是一场控制与反控制的博弈，那么我们也完全可以说人生就是一种互相影响的对弈，谁的影响力大，谁的影响范围广而且深入，那么他就赢得了成功的主动权。

提及影响力，人们习惯性地认为它与权力相同，其实不然。与权力不同，影响力不是强制性的。它是一个微妙的过程，是以一种潜意识的方式来改变他人的行为、态度和信念的过程。它确实涉及了权力的某些方面，但它是通过人际劝服来影响他人的过程。与赤裸裸的权力相比，影响力没有那么直观——从它的本质来看，影响力比较间接和复杂。别人甚至意识不到你在使用影响力技巧。而这种非直观的、更为微妙的本性赋予影响力一种内在的力量。

不仅被影响的人们无法抗拒影响力，就连释放影响力的本人也无法阻止它对别人产生作用。

马丁·路德·金是20世纪最有影响力的美国人之一。他承认罗宾森对自己生命有正面的影响力，也是激发他奋斗的原因。他曾经对非裔美国籍的棒球先驱者唐·纽康伯说："你大概不知道，是你与杰克·罗宾森，还有罗伊·坎波尼拉使我的事业梦想成真。"

研究表明，一个人情商的高低往往决定着他的影响力大小。

拿破仑发动一场战役只需要两周的准备时间，换成别人会需要一年。之所以会有这样的差别，正是因为他那无与伦比的影响力。战败的奥地利人目瞪口呆之余，也不得不称赞这些跨越了阿尔卑斯山的对手："他们不是人，是会飞行的动物。"

拿破仑在第一次远征意大利的行动中，只用了15天时间就打了6场胜仗，缴获了21面军旗、55门大炮，俘虏15000人，并占领了皮德蒙德。

在拿破仑这次辉煌的胜利之后，一位奥地利将领愤愤地说："这个年轻的指挥官对战争艺术简直一窍不通，用兵完全不合兵法，他什么都做得出来。"

但拿破仑正是用更多的情商而不是智商让他的士兵跟着他，从一个胜利走向另一个胜利。

一个人的影响力之大，大到可以让很多人为了他冒着放弃可贵生命的危险,足见其个人魅力——影响别人情绪的能力。因此,我们要想增加自己的影响力,一定要有很高的情商,这样才能既控制自己的情绪,又能影响到别人的情绪,从而形成较强的影响力。

传递给别人积极的情绪

心理学家研究表明,在生活当中,人们的情绪可以传染,也就是说,在人际关系中,大部分的人在看到别人表达情感时,往往会激发自己产生出与别人相同的情感,虽然很多的时候,我们并不能意识到这一点,但它确确实实存在。

一位美国的士兵曾经这样回忆一件发生在越战初期的事情。他说:"当时我们在一处稻田与越军激战,忽然来了6个和尚,他们丝毫不理会当时的枪击和危险的形势,他们排成一排,走过田埂,越过战场,他们是如此镇定,好像外界什么都没有发生似的。

"我当时都看呆了,不知道怎么回事,大家不约而同地停止了射击,都安静下来,我忽然没有了继续打下去的情绪,我怀疑很多人都是这样想的,包括我们的对手,就因为这么个事,我们竟然莫名其妙地休战一天。直到现在,我都感觉那简直是个奇迹。"

上面的例子就很清楚地说明情绪是可以互相传染的,而且情绪的传染规律往往是从那些情绪强的一方传递到比较弱的那一方,如果那群和尚没有强烈的镇静、积极的正面情绪,他们就会被那些愤怒的交战情绪吓到,而不是震慑到他人。其实很多能影响别人的人都是那些具有强烈情绪传染力的人。

一天清晨,在一列开往柏林的老式火车的卧铺车厢中,查尔斯和另外 4 名男士正挤在洗手间里刮胡子。经过了一夜的疲困，隔日清晨通常会有不少人在这个狭窄的地方洗漱一番。此时的人们多半神情漠然，彼此间也不交谈。

就在此刻，突然有一个面带微笑的男人走了进来，他愉快地向大家道早安，却没有人理会他的招呼。之后，当他准备开始刮胡子时，竟然自若地哼起歌来，神情显得十分愉快。男人的这番举止让查尔斯感到很奇怪，于是他用开玩笑的口吻问道："喂！老兄，你好像很得意的样子，遇到什么好事了？"

"是的，你说得没错。"男人回答，"正如你所说的，我是很得意，因为我真的觉得很愉快。"然后，他又说道："我是把使自己觉得幸福这件事，当成一种习惯罢了。"

后来，在洗手间内所有的人都把"我是把使自己觉得幸福这件事，当成一种习惯罢了"这句深富意义的话牢牢地记在心中。

到达柏林后，查尔斯仍然时时想起这句话。他时时警醒自己，要把幸福当成一种习惯，在这种情绪的激励下，他也慢慢变得开心多了。

在上面这个例子中，查尔斯就是受到了那个男人强烈的情绪传染，变成了一个快乐的人。当然我们不能忽视一点，那就是强烈的消极情绪也可以给别人以影响，但是这种影响往往是消极的、不良的。为了使自己成为一个有好的影响力的人，我们一定要注意使自己成为一个传递积极情绪的人，那些给别人带来积极震撼的人士，并不见得是成功的人，但往往都是那些能把积极的情绪传递给别人的人。

棒球王贝比·鲁斯，在其棒球生涯中，一共击出了 714 记全垒打，被誉为历史上最卓越的棒球选手。

最后一记本垒打为鲁斯的棒球职业生涯画上了一个完美的句号，

与其伴随的还有一个感人的故事。

那时，闻名遐迩的鲁斯年龄已经偏大了，已不再像年轻时那般身手灵活了。在守备上由于他一再漏接，单单在一局中就让对方连下5城，而其中的3分都是由于他的失误所造成的。他在那场比赛中已经连续被三振两次了，英雄似乎走上了末路。

当他就要第三度上场时，此时球赛已进入最后一局的下半局，勇士队两人出局两人在垒，刚好落后对方两分……

当他举步维艰地迈向打击区时，观众们一阵阵的叫嚣声震耳欲聋，奚落的嘲笑与嘘声不绝于耳。

此时，鲁斯已没有信心再打下去了，他缓步走回休息区，向教练要求换别人打。

但就在这一刻，一个男孩费力地跃过栏杆，泪流满面地展开双臂，抱住了心中的英雄。鲁斯亲切地抱起男孩，许久才放下，然后轻轻地拍拍他的头。

这时，球场沉浸在一片宁静中。他又缓缓地走回球场，接着就击出那记最具意义的全垒打。

在鲁斯正要绝望的时候，那个男孩的拥抱传递给了他积极的情绪，使他能够积极地面对职业生涯上的瓶颈，可能这个男孩子和鲁斯都想不到，一个鼓励似的拥抱可以传递这么强大的情绪力量，发挥这么大的作用，但显然它确实产生了让人感觉不可思议的结果。

约翰·米尔顿曾经说过："一个人如果能够控制自己的激情、欲望和恐惧，那他就胜过国王。"相对于控制自己的情绪，传递给别人积极的情绪无疑显得更为伟大。而那些让我们铭记的人往往都是那些曾经给我们传递过积极情绪的人，他们通过眼神、微笑或者简单的动作等让我们感觉到了积极向上的力量。不夸张地说，有很多时候，这些积极的力量甚至使我们的生命转到更有意义的方向，可见传递给别人积极的情绪具有多么大的魔力。

哈佛告诉每个人，如果能够每天都保持着积极的情绪，无疑也是在向别人传达着积极情绪的信号，因为我们的情绪也可能会在无意识的状态下传递给周围的人。所以，保持积极的情绪并把它传递给别人，是增强自我影响力的重要途径。

影响别人，从用心开始

哈佛告诉学生，要影响别人，就要从用心开始，因为只有你自己用心做某件事情，才能使别人受到感染，从而才能真正影响到别人。那些用心做事的人，他们不但能使自己变得更完善，还能使世界因自己而得到改变。

有一个6岁的加拿大男孩，曾经用一颗单纯的心改变了世界。

他曾被评选为"北美洲十大少年英雄"，甚至被人称为"加拿大的灵魂"，他就是曾经接受过加拿大国家荣誉勋章的瑞恩·希里杰克。

1998年，6岁的瑞恩第一次听说在非洲有很多孩子因为喝不上干净的水而死去，于是，为非洲的孩子捐献一口井成了他的梦想。

那天回到家里，他向妈妈要70加元时，妈妈告诉他："你可以通过自己的劳动凑齐这一笔钱，比如打扫房间、清理垃圾，我会给你报酬。"瑞恩迟疑了一下答应了。于是，他开始通过自己的劳动挣钱。

瑞恩得到的第一个任务是吸地毯，干了两个多小时后他得到了两加元的报酬。几天之后，当全家人去看电影时，瑞恩一个人留在家里擦了两个小时窗子，赚到第二个两加元。全家人都以为瑞恩不过是心血来潮，但他却坚持了下来。

4个月后，当瑞恩把辛苦积攒的钱交给有关组织时却得知，70加元只够买一个水泵，挖一口井实际需要2000加元。然而他并没有放弃，反而更加卖力了，因为他只有一个想法，就是要尽自己的能力让更多非洲的小朋友喝到干净的水。

渐渐地，大家都知道了瑞恩的这个梦想。于是爷爷雇他去捡松果；暴风雪过后，邻居们请他去帮忙捡落下的树枝；瑞恩考试得了好成绩，爸爸给了他奖励；瑞恩从那时起不再买玩具……所有这些钱，都被瑞恩放进了那个存钱的旧饼干盒里。

后来，他的故事被媒体报道了，他的名字传遍了整个国家。一个月后，在他家的邮筒里出现了一封陌生的来信，里面有一张30万加元的支票，还有一张便条："但愿我可以为你和非洲的孩子们做得更多。"如果你以为这是故事的结尾，那就错了，因为这只是事情的开始。接下来，在不到两个月的时间里，又有上千万加元的汇款汇来支持瑞恩的梦想。

2001年3月，"瑞恩的井"基金会正式成立。瑞恩的梦想成为千万人参加的一项事业。

事后有人问瑞恩："你为什么要这样做呢？"

瑞恩说："没有为什么，我只是想让他们喝到干净的水。"

"没有为什么"，一切就是如此简单，他只是听从了内心的召唤，并随着善良灵魂的高歌起舞而已。那一支心灵的舞蹈，却令整个世界为之倾倒。

心灵纯净的人，往往是精神潜能真正觉醒的人。他们那些美好的梦想和执着的信念具有强大的感召力,所以能四两拨千斤般创造奇迹。一个人只要用心去做某事,那么他必然具有强大的人格魅力,这种魅力会不自主地影响到别人。

"今天,我一定要断然拒绝他们的要求。"出门之前,卡尔森太太在心里对自己这么说。

天下着很大的雨,到处都是水。卡尔森太太之所以冒雨出门,是为了把眼前这件事尽快处理完。

卡尔森太太平时以乐善好施出名。她经常捐东西给遭到天灾人祸的人,或买很多衣料送给本市的贫民。可是,这一次的事,性质大不相同,使她无法像平时那样爽快答应。虽然目的是为了贫苦无依的孤儿们着想,但要她捐出祖传的土地来建造孤儿院,她实在无法同意。她对世世代代传下来的那片土地有无限的感情,何况,她年事已高,此后生活的主要收入来源就靠那块土地。这是跟她此后的生活有直接关系的事。说得严重一点,若失去这一块土地,她的生活马上就要受到影响。

"不管对方如何恳求,也不能有一丁点儿同情心,否则……"想着,想着,卡尔森太太的脚步就越来越快了。

雨越下越大,风也吹得更起劲了。不多久,她到了目的地。她推开大门,走进去。由于是个大雨天,走廊上到处湿湿的。她在门口寻找拖鞋穿。

"请进!"这时候,随着一个甜美的声音,女办事员玛丽笑容可掬地站在了卡尔森太太面前。玛丽看到地板上没有拖鞋了,立刻毫不犹豫地脱下自己的拖鞋给卡尔森太太穿。

"真抱歉,所有的拖鞋都给别人穿了。"玛丽小姐诚恳地说道。

卡尔森太太看到玛丽小姐的袜子踏在地板上,一刹那之间就给弄湿了。

卡尔森太太被玛丽小姐的举动感动了。在这一瞬间,卡尔森太太明白了施与的真正含义。

她想:平时我被大家称为慈善家,可是,我做的慈善行为到底是些什么?我捐出来的,全是自己不再使用的旧东西,再不就是捐出多余的零用钱罢了。而真正的施与,应该像这位小姐一样,拿出对自己来说是最重要的东西,那才有莫大的价值呀!

突然,卡尔森太太的决定有了180°的大转变——她决心捐出那片祖传的土地给这家慈善机构,为可怜的孩子们建立设备完善的孤儿院。

卡尔森太太对办事员玛丽说:"好温暖的拖鞋。"

玛丽红了脸,不好意思地说:"对不起,我一直穿着,所以……"

卡尔森太太连忙打断她的话:"不,不,我没有怪你的意思,我是说,你的心,令人感到温暖,也让我明白了许多!"卡尔森太太向她投以亲切的微笑,然后,朝着募捐办公室快步走去……

用心是一种生活的态度,不管是多么平凡的人,只要他能够真正用心去做一件事,就可以让人感觉到那种不易察觉的影响力在他的周围扩散,从而使别人不由自主地受到影响,如果你也想成为一个有影响力的人,那么就从用心开始吧。

第五章

情商与领导力：决定你人生高度的管理情商

第一节

管理情商的艺术

让团队动起来：激发公司活力的鲶鱼效应

经济学里的一个非常有名的"鲶鱼效应"，即采取一种手段或措施，刺激一些企业活跃起来投入到市场中积极参与竞争，从而激活市场中的同行业企业。其实质是一种负激励，是激活员工队伍之奥秘。这个效应来源于一个故事。

挪威人喜欢吃美味的沙丁鱼，因此鱼的死活便是影响价格的重要因素。每逢挪威人的渔船返回港湾，鱼贩子都挤上来买鱼，但是当渔民将捕捞的沙丁鱼运回渔港时，发现大多数的沙丁鱼已经死了，死鱼卖不上价，只能低价处理，于是，渔民便纷纷哀叹起来。

但是，其中有一位名字叫汉斯的精明的挪威船长，每次上岸时他捕来的沙丁鱼仍然是活蹦乱跳的。于是，商人们纷纷涌向汉斯："我出高价，卖给我吧！""卖给我吧！"

其他渔民都觉得非常奇怪，就跑去问汉斯："路程那么远，你用什么办法使沙丁鱼活下来呢？"汉斯说："你们去看看我的鱼槽吧！"

原来，汉斯的鱼槽里有一条活泼的鲶鱼到处乱窜，使沙丁鱼们紧张起来，加速游动，因而它们存活了下来。鲶鱼放进鱼槽后，四处游动，偶尔追杀沙丁鱼。沙丁鱼因发现异己分子而自然紧张，四处逃窜，把整槽鱼扰得上下浮动，也使水面不断波动，从而氧气充分。如此这般，就能保证沙丁鱼活蹦乱跳地被运进渔港。

鲶鱼如一方投水之石，击破了平静而死寂的水面，激起了圈圈扩展的涟漪，为疲倦的沙丁鱼群注入了蓬勃向上的动力；鲶鱼就如同一针兴奋剂，神奇地显示了强大的外驱力，调动了沙丁鱼群蛰伏的潜能。

在企业界和社会组织中，"鲶鱼效应"是应用极为普遍的一条管理原理。它常常被用于企业管理，并逐步演变为一种组织内的竞争机制，在根治组织活力缺失方面有着很好的效果。有管理经验的人常会发现，一个企业如果人员长期稳定，就会缺少新鲜感和活力，产生惰性，出现组织内部人浮于事、缺乏效率等情况。如何改变这种情况呢？我们可以运用"鲶鱼效应"，即引进一些个人素质高、业务能力强、有着较强感召力的人员，让他们在组织中可以拥有一定范围的权力，依靠个人魅力去带动和激励组织中的其他人员。他们新官上任，公司上下的"沙丁鱼"们便会立刻产生紧张感。

惠普公司原董事长兼CEO卢·普拉特说："过去的辉煌只属于过去而非将来。"未来学家托夫勒也曾经指出："生存的第一定律是：没有什么比昨天的成功更加危险。"比尔·盖茨反复向员工强调"微软离破产永远只有18个月"，意在使员工保持创新的紧迫感。葛洛夫也有一句名言，即"唯有忧患意识，才能长存"，并说英特尔公司一直战战兢兢，不敢有丝毫懈怠，"让对手永远跟着我们"。张瑞敏的"战战兢兢，如履薄冰"的危机意识，早已深入海尔的每一位员工内心深处。这种强烈的忧患意识和危机理念赋予这些企业一种创新的紧迫感和敏锐性，使企业始终保持着旺盛的创新能力。

当一个组织的工作达到较稳定的状态时，常常意味着员工工作积极性的降低。"一团和气"的集体不一定是一个高效率的集体，这时候"鲶鱼效应"将会起到很好的"医疗"作用。一个组织中，如果始终有一位"鲶鱼式"的人物，无疑会激活员工队伍，提高工作业绩。

运用"鲶鱼效应"可以为企业相对封闭的环境推开一扇窗，为企业吹入一阵变革的清风，让企业中的每个人都重新精神抖擞起来。所以，借助经济危机让企业重新进行资源整合的机会，为企业注入新的活力和能量，这未尝不是一件好事。要知道一个发达国家的政党人才流动率通常保持在15%左右，过高过低都将不利于社会经济的发展。同样，如果一个企业没有一定比例的员工流动，那么企业就会进入停滞状态，最后成为一潭死水。

综观当今世界，企业间更新、淘汰的速度越来越快，呈现出令人眼花缭乱的景象。从某种意义上说，市场竞争是一场不进则退、永无止境的竞赛。在硅谷，每年都有近90%的创新公司破产。所以，企业和企业家信奉"世界属于不满足的人们"这句格言，很少陶醉在已有的成就之中，而是善于忘掉"过去"，面向未来，勇于变革。

1983年壳牌石油公司的一项调查发现，1970年名列《财富》杂志"500强企业"排行榜的公司，有1/3已经销声匿迹。依壳牌石油公司的估计，大型企业平均寿命不到40年。大部分失败的公司，往往因为无法认清即将迫近的危机，无法预想这些危机的后果，或无法提出正确的对策。

凡事预则立，不预则废。企业一定要在问题出现之前，在其演变为危机之前解决问题，威胁一出现就尽可能快地采取行动。一个没有忧患意识的企业，必定会成为走下坡路的企业；一个没有忧患意识的雇员，必定会成为被淘汰的雇员！

"鲶鱼"的活动能力会打破现有的平衡，他们的积极向上、领导对他们的关注和支持以及他们待遇上的巨大变化，会给周围的人群带来压力，会刺激周围人群的自尊心。在"你能我也能"的强烈意识支配下，引导得当，则会出现"比、学、赶、超"的良好局面。

不要做那些垂死的沙丁鱼，从现在开始，树立自己的忧患意识，因为只有心怀忧患，我们方能长远、稳定地发展！

战斗让团队化危机为机遇

哈佛学者告诉我们：只有战斗才是全能的；只有战斗才是成功的最重要的品质。世界上没有什么比战斗更为重要的事。

★战斗方式一：坚持

有一家业绩卓越的销售公司，在老板出差期间，被竞争对手抢去了大部分的业务。就在销售旺季到来之时，这家公司以往的顾客居然一个都没有来。公司陷入了前所未有的危机之中。

老板觉得很对不起公司的员工。老板说："公司的资金出现了周转困难，现在如果有人想辞职，我会立刻批准。"

"老板，我不走，我不能在这个时候离开。"一个员工说。

"老板，我们一定会战胜困难的。"另一个员工说。

"是的，我们不会走的。"很多员工都这样说。

结果，这家公司并没有倒闭，甚至比以前发展得更好。

老板说："这要感谢我的员工，在我最危难的时刻是他们百折不挠的精神和永不磨灭的耐性帮助公司战胜了困难。"

"我们需要有耐性的员工!"这是老板们共同的心声。因为老板知道,企业的发展不可能是一帆风顺的,只有有耐性的员工才不会被暂时的"霉运"所压倒,才可能与企业一起等待上上签的到来;也只有有耐性的员工,他们坚强的毅力才会给整个企业带来希望。

在一个企业里,坚持往往是最好的战斗力,坚持到最后的团队才是最有希望成功的团队。

★战斗方式二:**不抛弃,不放弃**

在团队作战中,并不都是一帆风顺的。有的时候,我们所在的企业可能会面临很大的挑战和危机。这个时候,团队成员作为团队的一个个小分子,最需要的就是相信美好的未来终会到来,同心协力、坚持到底。

第二次世界大战后,功成身退的英国首相丘吉尔应邀在大学毕业典礼上发表演讲。经过邀请方一番隆重但稍显冗长的客套话之后,丘吉尔走上讲台。只见他两手抓住讲台,注视着观众,大约在沉默了两分钟后,用他那独特的风范开口说:"永远,永远,永远不要放弃!"接着又是长长的沉默,然后他又一次强调:"永远,永远,永远不要放弃!"最后,他再度注视观众片刻后蓦然回座。

场下的人这才明白过来,紧接着便是雷鸣般的掌声。

放弃是那些失败者永远失败的原因,在困难与挫折面前,他们往往"溃不成军""弃甲而逃"。而成功者,则绝不轻言放弃,即使在恶劣的环境下,他们都会咬紧牙关、坚持到底。可以说,人生的较量就是意志与智慧的较量,轻言放弃的人注定不是成功的人。德国伟大诗人歌德在《浮士德》中说:"始终坚持不懈的人,最终必然能够成功。"

无论是个人还是团队总会有失败的时候。但这一切，只不过是我们通往成功的道路上的一块绊脚石。别为挫折感到伤心，坚持因挫折而精彩，团队因坚持而凝聚。

挫折和坎坷在成功之路上其实并不起眼，只要坚持我们的信念，坚持我们的理想，坚持努力过后便是胜利，坚持阳光总在风雨后，相信在经历了无数次的失败过后便是美好的明天！

★**战斗方式三：全力协作**

舞者在跳双人舞时，展现给我们的是和谐的舞步，无论舞步有多么的复杂，两个人都能够配合得天衣无缝，即使在表演时有些许的疏漏，他们也可以不露痕迹。这是因为他们有着同样的节奏、同样的目标，才有了默契的配合。一旦有人跟不上节奏，那么舞步一定会变得慌乱，舞蹈就失去了和谐之美。同样，企业的前进也需要每个员工保持和谐的工作节奏，只有这样，才能与企业携手共舞。

哈佛商学院的菲利浦教授根据多年来对雁群生活习性的研究，提出了著名的"雁行理论"。他指出，没有一只单飞的大雁能够飞得又高又远，只有加入雁群当中，大雁才能跋山涉水、历尽艰难地飞到共同的目的地。大雁为什么要结伴而行呢？菲利浦教授研究发现，当大雁一只接着一只往前飞时，前一只大雁鼓动翅膀所带动的气流，会让后一只大雁的浮力和飞行高度提升71%，这就说明越是飞在后面的大雁越节省力气，如果离开雁群，那么每只大雁都要付出多得多的努力，那样一来，它们很快就会筋疲力尽。

由此可见，与团队发展保持步调一致是何等重要。如果"脱轨"，面临的将是被放逐，甚至是"死亡"。如果把公司前行比喻成行军的部队，那么我们需要做的是和它的行进方向保持一致，绝不能南辕北辙，更不能成为掉队的那一个。

★战斗方式四：积极的心态

微软总部的办公楼里有一位临时雇用的清洁女工，在整个办公楼几百个雇员里，她是学历最低、薪水最少的人，可她是整个办公楼里最快乐的人。热情是可以进行传递的，周围的同事也很快被她感染，有很多人和她成了好朋友。

比尔·盖茨很惊异，就忍不住问她："能告诉我，是什么让您如此开心地面对每一天吗？""因为我在为世界上最伟大的企业工作！"女清洁工自豪地说。

比尔·盖茨被女清洁工那种感恩的情绪深深打动了，他动情地说："那么您有没有兴趣成为我们当中正式的一员呢？我想您是微软最需要的。""当然！"女清洁工睁大眼睛说道。

此后，女清洁工开始用工作的闲暇时间学习计算机知识，而公司里的任何人都乐意帮她。几个月后，她真的成了微软的一名正式雇员！

这位女清洁工身上有一个十分优秀的品质，并不是我们每个人每天都能做得到的。那就是用自己的微笑为同事带来了快乐。一个团队也需要这样的微笑，即使遇到再大的困难，我们也会微笑地去面对。

当你加入一家公司或一个团队之后，你就是公司或团队的主人，你将与其共同战斗，无论是辉煌还是平淡都要与公司或团队保持一致，这是你义不容辞的责任。当公司或团队发展到一定程度时，你个人的成长目标也会逐步实现。

第二节

高情商造就高效能领导力

你的情商决定这支队伍的气势

领导是一个团队的灵魂人物，他的情商往往决定着一个队伍的气势，一个糟糕将领可以毁掉一个团队，同样一个优秀将领也可以成就一个团队。现在世界知名的雅芳，就曾经面临过被淘汰的危机，但是换到钟彬娴上任之后，却挽救了这个品牌。

100多年前，一位美国男子创立了美容化妆品"雅芳"，100多年后雅芳已发展为全美500家最有实力的企业之一。

1999年，是美国有史以来最大的经济繁荣期，雅芳的股票却一落千丈，公司运营走入低估。许多女性开始不愿意推销雅芳的产品，产品销售量也急剧下降，品种似乎已经与时代脱节了。雅芳在步入生命第43个年头的时候，钟彬娴接手了雅芳。她也是雅芳百年历史上第一位华裔女CEO。

1999年12月，在她上任4个星期后的一次分析研讨会上，推出了一项"翻身"计划。她说，要开拓全新的产品领域，开发一鸣惊人的产品。最令人惊讶的是，她没有放弃表面看来已经过时的直销销售方式，同时提出通过零售点销售雅芳产品——这是在雅芳115年的历史中从未有过的。通过这种方式，仅一个季度，雅芳的销售代表总数就增长了将近10%。

更优的产品加上更优的销售方式，使得雅芳在竞争中逐渐找回了过去的优势地位，在化妆品行业牢牢占据一席之地。雅芳的起死回生与钟彬娴的高情商是分不开的。同样的事例在商业历史上不胜枚举：乔布斯两度挽救苹果电脑，张瑞敏创造海尔神话，洛克菲勒缔造石油帝国……一个好的高情商的领导者，可以改变企业的不利处境，将原本普通的企业培养成为精锐的部队。

作为团队权利的"高情商君主"，领导也必须要有自知之明，如果在自己不擅长的方面自作主张，在重要的场合说不符合自己身份的话，都会让自己的领导地位被动摇、失去民心。

福特二世在29岁时就开始了对福特汽车公司的领导。他年轻气盛，重用一些他喜欢而且易于相处的部属。福特二世认为只有拥有他最满意的个性和品格的人，才能够成功地领导其他员工，因而在他周围影响决策的公司管理人员基本上呈单一的领导风格。由于他自己具有高度自制、竞争的个性，因此在管理人员的选择上，忽视严谨深思的人，以至于在这家历史悠久的公司中，麦克纳马拉和艾柯卡这类个性的人凤毛麟角，且难以长期容身。

显然，他并没有能够充分地认识到领导风格的基本原理，也未能了解心理学的相关知识，以致不能发现其他众多公司管理人员所具有的不同个性和品格。福特公司后来在经营上一度蒙受重大的损失，其重要原因就在于管理人员未能进行思考和反省，从而无法及时而敏感地意识到市场的变化，发现消费者在购买汽车时的心理变化。

实际上，福特二世是一个称职的领导，他果断、坚忍、勇敢，但是他极度缺乏弹性与合作精神，因而刚愎自用，一意孤行。在他的领导期间，福特的竞争力大不如前。

一个高情商的领导可以带活企业，然而一个低情商的领导会阻碍企业前进的脚步。每一个领导的决策都是希望自己可以把公司带进更好的发展空间。但是一个团队要面临的问题非常驳杂，每一个领域都需要有专业的人士来管理。如果仅仅按照领导自己的喜好来运用权力，最后就可能让人才流失，适得其反。反之，能够在自己擅长的领域中发挥优势，则是明智的选择。

西方管理理论认为领导者是在最上层的，整个组织都为其服务，德国社会学家韦伯提出的科层制就是很好的理论代表。他创立了社会组织内部职位分层、权力分等、分科设层、各司其职的组织结构形式及管理方式。科层制的主要特征是：

★内部分工，且每一位成员的权力和责任都有明确的规定。

★职位分等，下级接受上级指挥。

★组织成员都因为具备各专业技术资格而被选中。

★管理人员是专职的公职人员，而不是该企业的所有者。

★组织内部有严格的规定、纪律，并毫无例外地普遍适用。

★组织内部排除私人感情，成员间只是工作关系。

领导是位于金字塔的尖顶、还是圆轮的中心，与员工最大的区别在于他需要对多少人负责。金字塔顶端的人只需要对手下的一两个主要助手负责，但是居于圆心的领导者则要尽可能多地接触到周围的人，综合各方面的信息，迅速沟通和处理好存在的问题。虽然金字塔顶端的人看起来比较轻松，但是他很容易失去倾听民声的机会。

过去企业往往流行的是独裁的领导风格。领导层的管理方式十分严苛，不能忍受别人犯错，一经指示便希望别人一丝不苟地把工作做得最好。这是一种传统的管理方法，现在已经很少被人采用，因为这类主管较少受人爱戴。今天所有的企业都在讲究人性化管理，"以人为本"的口号也已经喊了很多年。但到底什么是人性化管理，其实很多人并没有把这个理念吃透，反而矫枉过正，把无原则的管理当成"以人为本"大加采用。

世界著名足球俱乐部意大利国际米兰曾经一度陷入无原则的管理之中。莫拉蒂上任国际米兰的主席后，就把他一直讲究的"人道主义"发挥到了极致。莫拉蒂溺爱球员的例子不少，但惩罚球员的事情却不多，如果有球员迟到早退或者缺席训练，莫拉蒂总是大事化小、小事化了。球员迪比亚吉奥集训期间偷偷离开集训地，莫拉蒂赛季后才把他扫地出门赶到了布雷西亚。

莫拉蒂这样宽容无度的无原则管理造成队内的混乱，直接后果就是此后很长的赛季中，一度连冠军杯资格都失去，联赛也很久没有拿到冠军，这支强队竟然一度被同城的AC米兰踩在脚下。此间国际米兰取得的荣誉远不如另外两支球队AC米兰、尤文图斯多。球员托尔多批评国米的管理应该多向人家学习，却被俱乐部前所未有地罚了款。从那之后，托尔多回答记者的问候都说："你们知道我不能讲话。"可见，国际米兰主席莫拉蒂当时的管理有多么离谱。

莫拉蒂一直坚持"人性化"管理的结果让他自己都不知所措。因为他错把人性化管理当成无原则管理。随着人与人之间社会联系的进一步加深，人性化管理越来越被重视，人与人之间的微妙关系十分重要，正确地处理这些关系会让你做起事来觉得得心应手，这也是高情商领导者应具备的能力。

火车跑得快，全靠车头带

俗话说得好，"火车跑得快，全靠车头带"。一个企业要有好的作风，想要让员工都像军人那样战斗英勇、纪律严明，领导首先要身先士卒，起到"头"的示范作用。否则，上头说一套做一套，下面的人也不会学好，可能口头上承认，心里却不怎么服气，这样，落实的效果就会大打折扣。

★以身作则

企业的管理者在进行作风建设的过程中也必须做到一切从我开始，方能服人。你要让员工遵守纪律，那自己首先就得遵守纪律，不迟到，不早退，不违反劳动秩序；你要让员工办事干脆、果断，那你首先便要做到今日事今日毕，工作绝不拖拉；你要让员工习惯过艰苦朴素的生活，那自己便要先学会节约开支，绝不铺张浪费、盲目投资……比起语言来，企业家的行为更具说服力。他们的领导力与威信也往往不是通过语言，而是行动表现出来的。

企业的管理者应该明白，职权只能使员工服从，而不能使之服气，至多是口服心不服。压力下产生的"服从"反而使得管理的威信大打折扣，变得极其脆弱。管理者应该明白，无论自己的职务多高、权力多大、资历多深，都应该在要求别人做到的时候先要求自己做到，给别人做出一个表率来，这样才能带出一个作风优良的团队来。

★灵活应变

在商海中，"自作主张"有时候是应对变化多端的市场的必备素质。如果凡事都要犹豫，因为别人的意见而摇摆不定，则很容易错失最佳决断时机。

"我想做的是尽力发挥自己的最大潜能，希望能够让这个世界上有限的资源发挥出最大的作用。"很小的时候，这样的愿望就在墨西哥著名的商人卡洛斯的心里根植。

17岁的时候，卡洛斯就已经学会炒股，他的投资天分让他在初试牛刀的股票市场上斩获颇丰。到了20岁，他的账户里已经有4500美元的累计资金，在当时的墨西哥，这是一笔不小的数目。很多人都劝他聪明点，把钱存好不要乱投资，但如果那样，并不能满足他上进的心理。

1982年墨西哥遭遇经济危机，货币贬值，政府为应对经济危机将一些银行进行国有化，导致外资撤离墨西哥。卡洛斯抓住这个大好机会，趁机以比较低的价格接管了许多濒临破产的烟草企业和餐饮连锁公司。在很多人看来，要把这些瘫痪的企业扭亏为盈是不可能的，但是由于管理有方，这些企业在数年之后资产大增。

20世纪90年代，在墨西哥国有企业私有化浪潮中，卡洛斯从政府手中买下墨西哥电话公司，拥有控股权的他，凭借着自己独有的经营方式，5年中，冒险用100亿美元来投资更新设备，就这样他成功地把曾经负债的国企打造成一棵活生生的"摇钱树"，并且越做越大，涉足的领域也越来越多，从以前的制造业到开发房地产以及金融业。

领导者需要听取别人的意见来作出稳妥的决策，但是灵活应变更是领导者应有的素质。如果处处听从别人的劝诫，那很难有自己的领导风格。大胆坚持自己的主张，这需要领导者的魄力和智慧。

★ 卓越的领导才能

德鲁克认为，领导者应该具备卓越的领导才能。德鲁克所说的卓越的领导才能，是指领导者应该善于从组织的日常管理活动中发现问题。领导者是战略家，要立足组织的长远发展，但领导者的决策不能脱离企业现状，要善于从日常管理实践中找到影响组织长远发展的因素。以小见大，见微知著，这种从细节中发现问题的能力，并不是每个领导者都能具备，即使具备，也不是每个领导者都能行之有效地坚持。很多领导者忽视了自我洞察力的培养，所以，德鲁克说，卓越的领导才能是一种洞察力。

领导者必须明白，对于日常管理中的问题，不要干预，而要关注，不必拘泥于细节，但必须重视细节。领导者应该具备反思问题的能力，而不是对具体事物指指点点。领导者应该借助具体的手段来了解最基层的管理现状，领导者不能脱离管理实践空谈管理，而是要超越具体问题，并为完善企业的管理制度而努力。

★ 沟通的魅力

通畅的沟通渠道，可以保证整个团队的凝聚力和合作精神，是提高团队战斗力的重要因素。现代通信发达，如何获取员工的心声已经不是问题。设立意见箱、建立公司的聊天群、电子邮件沟通或者是召开例行会议、让员工给领导提建议等，都能得到真实的基层信息。所以解决了获取手段之后，最重要的就是如何来处理沟通中出现的问题。这需要领导者能够拿出诚心实意来，因为沟通是一件需要时间和耐心的事情。如果敷衍了一个人，让对方感到失望，就会影响到整个沟通的质量。一般情况下，领导者都需要对员工提出的问题作出正面的回答。一旦员工的意见被搁置，沟通就会中断。

耳聪目明，不拘一格，唯才是举

哈佛学者告诉人们：一个高情商的领导者是需要懂得用人之道的。

只有雇用比自己更加优秀的人，团队才会充满希望。在管理学上，有一个著名的定律来说明人才与盛世的关系。

美国奥格尔维·马瑟公司总裁奥格尔维在一次董事会上，为每个人都准备了一个俄罗斯套娃："大家打开看看吧，那就是你们自己！"当大家陆续打开这些娃娃时，里面一个比一个小。最后的一个娃娃里面有一张奥格尔维写的纸条。"如果你经常雇用比你弱小的人，将来我们就会变成矮人国，变成一家侏儒公司。相反，如果你每次都雇用比你高大的人，日后我们必定成为一家巨人公司。"这件事给每位董事都留下很深的印象，在以后的岁月里，他们都尽力任用有专长的人才。

奥格尔维法则强调了人才的重要性。只有人才济济的地方，才会充满希望和前景。

但是对很多大型企业来说，不可能保证每一个人都是有一技之长的，大多数员工都是生产线上普普通通的职工。他们每天重复着差不多的事情，似乎没有必要也没有才能可以施展。这种想法其实是大大的人才浪费。在这一点上，海尔公司做得比较出色。

海尔认为，一个人才的力量是有限的，只有一个没有限制的人才集合才能最大化地发挥人才规模效用。海尔在人才观念上强调共享，共享是推倒人与人头脑之间的那堵"墙"的关键。在海尔，无论是海尔电脑，还是海尔其他事业部，所有好的方法都是共享的、无边界的。

领导者的用人之道还表现在考察周围的人。如何考察？这就需要每一位领导者的心中有一杆秤。就像帕利特对怀曼的注意那样，如果一开始没有留心这样的人才，关键时候就真告路无门了。所以，任何领域中所表现出来的优秀人才，都值得领导者的重视和考察，也许在将来，就能为我所用。

在一个团队中，发挥每一个团队成员的个人优势是十分重要的，而一个高情商的领导者就要明白如何用他们的优势。

在一次工商界的聚会中，几个老板大谈自己的经营心得。

其中一位老板说："我有三个毛病很多的员工，我准备找机会炒他们的鱿鱼。"

另一位老板问："为什么要这样做呢？他们有什么毛病？"

第一位老板说："一个整天嫌这嫌那，专门吹毛求疵；一个杞人忧天，老是害怕工厂有事；另一个喜欢摸鱼，整天在外面闲荡鬼混……"

第二位老板听后想了想说："这样吧，把这三个人让给我吧！"

第二天，这三个有毛病的员工到新公司报到，新的老板什么也没有说就开始给他们分配工作：喜欢吹毛求疵的，负责管理质量；害怕出事的人，负责安全保卫及保安系统的管理；喜欢摸鱼的人，负责商品宣传，整天在外面跑。

这三个人一听分配的职务，和自己的个性相符，不禁大为兴奋，都兴冲冲地走马上任了。过了一段时间，因为这三个人的卖力工作，居然使工厂的营运绩效直线上升……

无论企业还是个人，都要想方法找到自己的优势，而且时时刻刻都要清楚地知道自己的优势所在。成功心理学创始人之一、盖洛普名誉董事长唐纳德·克利夫顿说："在成功心理学看来，判断一个人是不是成功,最主要的是看他是否最大限度地发挥了自己的优势。"

科学研究发现,人类有400多种优势。这些优势的数量并不重要,最重要的是你作为领导应该知道每个团队成员的优势是什么,之后要做的就是将团队的协作建立在成员的优势之上,搭配成最有力的组合,使团队的力量达到最强!

福特注意到自己手下有一个郁郁寡欢的德国人埃姆,他技艺精湛,而且善于调兵遣将,但一直没有什么机会来考验他的实力。于是,福特就给埃姆特殊的权利。在用人上,埃姆可以自己说了算,这使他身边聚集了许多骨干业务员:被誉为"外部眼睛"的采购员摩根那,对机器设备有一种天赋的鉴赏能力,只要到同行的供应厂里看一遍,就可以发现哪些是新的设备,然后回来向埃姆描述。很快,仿制或加以改进的新机器就会在福特汽车厂里出现;机器设备检验专家韦德罗专门负责向埃姆汇报安装的自动机床试车的情况,也是他的得力助手。

福特发现了埃姆,埃姆发现了其他优秀的员工,埃姆自己发明的新式自动专用机床在当时世界上堪称最先进的,埃姆被公认为是在汽车工业革命方面贡献最大的人。所有这些成绩的取得,都是在福特给他提供的平台上创造出来的。

福特汽车的推销员库兹恩斯聪明能干、善于交际、处事果断,但是他虚荣、自私、性情粗暴。他对汽车业的经营有着丰富的阅历和经验,雄心勃勃。但是他的旧主开除了他,福特却用其所长,委以重任。库兹恩斯独创了一种推销方式,为福特的销售打开了全国市场。

每个人身上都带着一定的缺陷,但是恰到好处的配合却可以弥补这种残缺,"巧匠无废砖",如何利用好不同的缺陷,这正是很多领导者面临的一个难题,需要在不断地尝试和总结中找到答案。有这样一个故事：

一个小女孩到了向往已久的迪斯尼乐园，还幸运地遇到了乐园的创办人沃尔特·迪斯尼。小女孩激动地问道："您真伟大！您创造了这么多可爱的动画朋友！"

沃尔特·迪斯尼微笑着回答："不，那些是别人创造出来的，不是我的功劳！"

小女孩又好奇地问："那些可爱朋友的有趣故事应该是您创作的吧？"

老人还是平静地笑着："也不是，是许多聪明的富有想象力的作者和制作员想出来的！"小女孩认真地打量着自己心目中的大人物，不甘心地问："可是……可是您到底做了些什么呢？"

沃尔特·迪斯尼爽朗地笑了，抚摸着小女孩的头，说："我所做的就是不停地发现这些人，把他们召集在一起啊！"

那些真正做大生意、赚大钱的人大都是利用别人的智慧赢得财富的。借助别人的智慧来为自己办好事情，不需要什么事情都亲自去做。你只需要比别人知道得多一些，看到的问题多一些，然后安排人来解决这些问题。简而言之，不需要你亲自动手的就放手让别人去做。

精明的人善于用人。也许你可以凭借自己的勤奋和聪明才智获得一定的财富，但是如果你能把自己和别人的想象力与智慧完美地结合起来，那不是更完美吗？

放弃可以借用的头脑和智慧，恰好证明自己没有头脑和智慧。

第三节

高情商领导者的必备特质

平易近人，多一个朋友多一条路

很多人认为，员工和老板天生就是一对冤家。人们最常听到的是两者相互间的抱怨，即使偶尔彼此关心一下，也让人觉得很虚假。老板和员工真的就不能"兼容"吗？其实不是。

从社会学的角度讲，老板和员工是互惠共生的关系。没有老板，员工就失去了赖以生存的工作；而没有员工，老板想追求的利润也只能是镜中花、水中月。对于老板而言，公司的生存和发展需要员工的敬业和服从。对于员工来说，他们需要的是丰厚的物质报酬和精神上的成就感。从互惠共生的角度来看，两者是和谐统一的——公司需要忠诚和有能力的员工，业务才能进行。作为领导者，如果你和你的忠实员工在一起，那么你将多的不是一个员工，而是一个朋友。

哈佛告诉学生：不要因为自己是领导觉得了不起，应该把自己看作是一个普通人，与所有人都站在一个起跑线上。生活中最不值钱的就是"架子"。

多一个朋友就会多一条路，无论什么身份的人都希望自己能够有贵人相帮，在关键时候遇上熟人提携。多一个朋友，就少一个陌生人，有时候甚至是少一个敌人，高情商的领导者就会与员工成为朋友，这样平易近人的做法，无疑是一种聚人心的好途径。

成功的决策者都非常重视听取下属的意见，这不仅是对下属的尊重，更是平易近人的表现。卓有成效的决策者应该认真听取员工的建议和看法，积极采纳员工提出的合理化建议。员工参与管理会使工作计划和目标更加趋于合理，并且还会增强他们工作的积极性，提高工作效率。

1880年，柯达公司创立，不久它就给员工设置了一个建议箱，这在当时是一个创举。公司里任何人，不管是白领还是蓝领，都可以把自己对公司某一环节或全面的战略性的改进意见写下来，投入建议箱。公司指定专职的经理负责处理这些建议。被采纳的建议，如果可以替公司省钱，公司将提取头两年节省金额的15%作为奖金；如果可以引发一种新产品上市，奖金是第一年销售额的3%；如果未被采纳，也会收到公司的书面解释函。建议都被记入本人的考核表格，作为提升的依据之一。

第一个给公司提建议的是一个普通工人。他的建议是软片室应经常有人负责擦洗玻璃。他的这一建议得奖20美元。设立建议箱100多年来，公司共采纳员工所提的70多万个建议，为公司的发展提供了宝贵的意见。柯达公司设立"建议箱"所取得的成果，吸引了美国不少企业的注意。目前，相当多的企业已仿效柯达设立建议箱来吸收员工意见，改善经营管理。

决策者能够利用别人的智慧，来减少决策中的风险，这是很明智的选择。从另一个方面更能看出领导者对员工思想的重视，让员工参与到公司重大的决策上来,这无疑是拉近了领导与员工之间的距离。

对于有一定身份和地位的人来说,放下身段能和大家一起平和相处,非但不失身份,反而更能得到大家的尊重。比如说公司的上司或老板经常与员工在一起,在员工食堂就餐,就更能使员工实心实意地追随,更愿意听老板的指挥。

帕尔梅首相在瑞典是十分受人尊敬的领导人。他虽贵为首相,但仍住在平民公寓里。他生活十分简朴,且平易近人,与平民百姓毫无二致。帕尔梅的信条是:"我是人民的一员。"

除了正式出访或特别重要的国务活动外,帕尔梅去国内外参加会议、访问、视察和参加私人活动,一向很少带随行人员和保卫人员。只有在参加重要国务活动时,他才乘坐防弹汽车,并有两名警察保护。

同普通群众打成一片是帕尔梅为人的重要特点。帕尔梅从家到首相府,每天都坚持步行,在这一刻钟左右的时间里,他不时同路上的行人打招呼,有时甚至与同路人闲聊几句。

帕尔梅同他周围的人关系处得都很好。在工作之余,他还经常帮助别人,毫无高贵者的派头。帕尔梅一家经常到法罗岛去度假,和那里的居民建立了密切的联系,那里的人都将他看作朋友。

帕尔梅喜欢独自"微服私访",去学校、商店、厂矿等地,找学生、店员、工人谈话,了解情况,听取意见。他从没有首相的架子,谈吐文雅、态度诚恳,也从不搞前呼后拥的威严场面。这些都使他深得瑞典人民的爱戴。

放下身段,绝不会使高贵者变得卑微,相反,倒更能增强人们的崇敬之情。这样的人把自己的生命之根深深扎在大众这块沃土之中,自然是根深叶茂、令人敬重!

可见,好的名声,是靠个人的修养、品质、业绩和成就换来的,而不是摆架子摆出来的,架子只是一种无聊的、骗人的东西。真正有品质、业绩和成就的人,绝不会刻意追求架子,事实上,刻意追求架子的人也不可能真正有所作为。

然而再平易近人的领导也需要有一定的威严,而保持一定的距离才能树立威严。领导者要搞好工作,应该与下属保持亲密关系,这样做可以获得下属的尊重。但也要与下属保持心理距离,以避免下属之间的嫉妒和紧张。

领导者与下属保持一定的距离才能树立威严。适度的距离对于领导者管理工作的开展是有好处的。当众与下属称兄道弟只能降低你的威信,使人觉得你与他的关系已不再是上下级的关系,而是哥们儿了。于是其他下属也开始对你的命令不当一回事。

领导一方面想当下属的好朋友,另一方面想当好管理者,同时想扮好这两个角色有时会让领导吃力不讨好。但如果能权衡两者之间的关系,那么就会有事半功倍的效果。不即不离,亲疏有度,这才是良好的上下级关系。

分清局势,展现出类拔萃的能力

哈佛告诉人们:对于竞争激烈的市场经济,认清局势是领导需要具备的能力。

一位成功的业务主管麦克是这样理解的,他说:"我学会了无论碰到如何棘手的情况都能撑下去的技巧。其秘诀就是,从情况中超脱，从上往下看。如果只像迷宫中的老鼠那样乱窜，任何人都不可能成就一番不凡的事业。所以，从很大程度上衡量一个领导是否合格，往往体现在他是否分得清局势，是否能展现出类拔萃的判断力来。

★改革体制

任何有成就的领导，都是在常规上作出了改进、改良、改革。所以，要成为一个真正的杰出领袖，必须拿出埋葬旧体制的魄力和智慧。在商业案例中，勇敢埋葬旧体制的企业家也大有人在。

苹果之父乔布斯于1985年获得了由里根总统授予的国家级技术勋章。也许成功来得太快，荣誉背后的危机得以隐藏起来。乔布斯的经营理念在当时是一个异类，加上电脑行业的大哥大IBM公司也开始推出了个人电脑，苹果公司开始节节惨败，乔布斯成了这一失败的"替罪羔羊"。董事会决议撤销了他的经营大权，他几次想夺回权力均未成功，便愤然离开了。

没有乔布斯，苹果的形势未见起色。而乔布斯很快便开始了自己的又一次创业，他创办了"Next"电脑公司。

由于苹果坚持自己的封闭性，使用苹果电脑的人就必须使用与它相配套的程序，这种"捆绑式"的销售让很多喜欢苹果电脑的人望而却步，因为使用者必须适应电脑，而不是电脑适应人。

12年之后的圣诞节前夕，全球各大计算机报刊的头版头条上都出现一则新闻："苹果收购Next，乔布斯重回苹果。"王者归来的乔布斯，正因他的公司（皮克斯）成功制作第一部电脑动画片《玩具总动员》而名声大振。苹果公司上下都将乔布斯视为大救星，乔布斯的境遇也和当年出走时完全不一样了。

危难之际，乔布斯果敢地进行了大刀阔斧的改革。他改组了董事会，抛弃旧怨，与苹果公司的宿敌微软公司握手言和，乔布斯因此再度成为《时代》周刊的封面人物，苹果的命运也逐渐走向光明。

★分清局势

作为操作视窗软件的垄断者，微软如果以强势的形象进行打击盗版，必然会引起整个行业的敌对。因此，微软在中国先故意放纵盗版，然后在适当的时候再收拾盗版：一方面通过盗版打击国产的正版软件，据了解，国产办公软件WPS的金山公司曾经被认为是中国软件企业中最有实力与微软对抗的企业，然而面对盗版的巨大压力，尽管金山公司采取了降价等一系列措施，最终还是将发展重点转向了网络游戏软件，因为网络游戏软件的收入主要是通过用户玩游戏时付费，而不是软件本身的销售。另一方面，微软反盗版战略从法律诉讼转移到了行政申诉，对使用盗版软件的企业和用户要求巨额索赔。最先受到索赔的就是网吧，微软公司正式向浙江杭州的网吧业主们发出公开信，要求在规定时间内使用正版软件，否则将会索赔。这一狠招使微软获利匪浅，以网吧为例，一套服务器操作系统Windows2003SERVER需要8200元，可涵盖10台电脑，另外90台电脑每台软件授权费用为230元。也就是说，一个有100台电脑规模的网吧，购买正版软件需要28900元。作为新兴的产业，全国仅正规网吧就拥有350万台以上的电脑，而这些电脑基本上都使用着盗版的Windows软件。而且，消费者的使用习惯以及此类软件兼容性等问题，也使网吧基本上不可能选择采用Linux操作系统，除使用Windows操作系统之外，他们别无他法。仅此一项，微软的潜在收入就有10亿元之多。

微软先让盗版普及，然后再来收拾，在知识产权的大旗下坐收渔利。这展现了其领导的能力与谋略。

★独树一帜

商场上同行之间为了抢夺顾客,常常发生恶性竞争两败俱伤的结局。"不战而全胜"对商家来说,既要不竞争又要胜出,就必须另辟蹊径,别具一格,成为没有竞争者的赢家。

1982年,太阳马戏团成立,决策者意识到自己没有能力与当时的行业领导者小丑之王马戏团竞争,因此他们采取了"蓝海思维",开创出全新的蓝海商机。

传统马戏团都是动物表演,太阳马戏团取消了动物表演,既避免了动物保护团体的抗议,又大幅降低了企业成本。随后,他们大胆创新,招募了一批体操、游泳、跳水等专业运动员,把他们训练成专业的舞台艺术家。运用绚丽的舞台灯光,华丽的舞台服装,美妙动人的音乐,融合歌舞剧的节目情节,创造了前所未有的感官新体验,这一创新,使太阳马戏团摆脱了传统马戏团的桎梏,并迅速赢得了市场。

无论是乔布斯大刀阔斧地改革、微软用实力来毫无悬念地把握主动权,还是太阳马戏团这样独树一帜无人竞争,他们在本质上都是掌握了市场的走向和趋势,领导者都展现了出类拔萃的能力,然后研究出一条适合自己的规模、特点的道路。这一点对想要完胜的领导者而言,是制订发展路线的重要参考,也是考验一个领导者能力的所在。

思维活跃,成为团队真正的智囊

一位哈佛教授说:"企业的领导就要思维敏捷,能成为团队的智囊。"一个好的企业领导往往都是智商与情商兼备的人。

商业头脑的高下就是应变能力的高下。但很多人设计好一个当时不错的计划之后，只是一门心思放在按步骤进行上，反而忽略了身边的变化，到头来却是计划耽误了自己。

美国硅谷专业公司曾是一个只有几百人的小公司，面对竞争能力强大的半导体器材公司，显然不能在经营项目上一争高低。为此，硅谷专业公司的经理改变了自己的发展计划，抓住当时美国"能源供应危机"中的节油这一信息，很快设计出"燃料控制"专用芯片，供汽车制造业使用。在短短5年里，该公司的年销售额就由200万美元增加到2000万美元，成本也随之由每件25美元降到4美元。

由此可见，尽管人人都期待着以最快的速度获得最大的成功，然而在激烈的竞争中每前进一步都会遇到困难，很少有人能直线发展。因此，随着变化而改变的发展是大多数成功者的制胜之道。

钓鱼的人不知道鱼的习性，注定会徒劳无功。任何事情都不会完全按照我们的主观意志去发展、变化，要获得成功，就得首先去认识事物的性质和特点，然后再根据实际情况来调整自己的对策。只有如此，我们才能在顺应事物变化的同时，驾驭变化、走向成功。

对于领导而言，这种头脑也必须运用到公司管理上来，方可达到企业健康有序的发展。企业领导的思维活跃还体现在对于企业改革的管理上。

怀曼对美国哥伦比亚广播公司的改革也同样大胆而漂亮：首先进行的改革是，在管理中奉行民主，尽量避免管理过程中独断专行的作风。他规定重大的决策需经10人组成的管理委员会通过，在他自己的行动中也贯彻了这种作风。他作为管理委员会的主席，每两周召集一次各业务部门和财政部门负责人的碰头会，其意义在于：一方面鼓励部下参与公司各项方针政策的制定工作，一方面有助于制止一直存在于各部门之间的钩心斗角。为了了解公司下面的情况，他还常和基层的职员、妇女和少数民族集团成员共进工作早餐。

其次，大力抓广播电视业的振兴，并在广播电视技术上革新。为把重点放在广播电视业上，他裁掉了那些吞噬了公司财富的赔本机构，该关闭的关闭，该转卖的卖掉，并拨出1.5亿美元，在电视网中增播新闻和日间节目，在黄金时间推出吸引观众的电视片。采取上述措施后，公司发行的股票由公布于众的每股33美元上升为每股55美元，从1982年至1983年，各季度黄金时间的电视收视率在三大公司中居首位。

怀曼的成功之处在于他大胆地革除了以前管理中那种独断专行的作风，实行民主管理，发挥了各部门的集体智能。从而使哥伦比亚广播公司从1983年开始扭亏为盈，1984年获得数亿美元的利润。为哥伦比亚广播公司带来了由衰到盛的福音。

能不能看出团队存在的问题，提出有效的解决方案，这是能力上的问题；能不能把心中的想法实施在具体的操作中，哪怕会得罪一部分旧体制中的获益者，这就是领导者的思维问题。也许在能力问题上，可以说每个人的水平不同不能强求，但是在思维上的进步，领导者没有任何借口拒绝，也不需要太多理由。

第六章
情商修炼：成为一个情商高手

第一节

逆境情商：扛得住，世界就是你的

人生之路不会一帆风顺

人们常说"人生不如意事十之八九"。人的一生不可能不遭遇挫折、打击、失落、失败，因此我们必须具备良好的逆境情商，否则在狂风暴雨之后等待我们的只能是消沉。人生就是这样，不是你打倒挫折，就是挫折打倒你。

在面对失败、不顺心之事时，有的人会沉迷于那"十之八九"，而乐观积极的人则会选择"常想一二"。你的人生是阳光多，还是风雨多，完全在于你自己的选择。

有个人的简历是这样的：

22岁 生意失败

23岁 竞选州议员失败

24岁 生意再次失败

25岁 当选州议员

26岁 情人去世

27岁 精神崩溃

29 岁 竞选州长失败

31 岁 竞选选举人失败

34 岁 竞选国会议员失败

37 岁 当选国会议员

46 岁 竞选参议员失败

47 岁 竞选副总统失败

49 岁 竞选参议员再次失败

51 岁 当选美国总统

这个人就是亚伯拉罕·林肯。

林肯被称为美国历史上最伟大的总统之一,全世界人民都对他充满了敬意,但就是这么一位解放黑奴、统一全国的总统,经历了太多人生的风风雨雨。很小的时候就丧母,贫困与艰难没有击倒他,他在充满苦难的人生废墟中终于站了起来!他成了名垂千古的世纪巨人,在受人敬仰的背后有多少心酸的泪水与血水不为我们所知。

林肯除了以上的不顺利,他还有一个不太美满的婚姻。第一夫人玛丽·托德曾当着客人的面,将一杯咖啡泼到了林肯总统的脸上!但她暴躁的脾气丝毫没有让林肯沉沦下去。他不是不以为意,他也曾深感忧愁与孤寂,但伟大的人都有伟大的地方,他以他特有的宽容、从容、坚定超越了人生的苦难。

与林肯总统相似的还有"经营之神"松下幸之助。

日本松下电器公司总裁松下幸之助,年轻时家庭生活贫困,只能靠他一人养家糊口。有一次,瘦弱矮小的松下到一家电器工厂去试职。他走进这家工厂的人事部,向一位负责人说明了来意,请求给安排一个哪怕是最低下的工作。这位负责人看到松下衣着肮脏,又瘦又小，觉得很不理想，但又不便直说，于是就找了一个理由：我们现在暂时不缺人，你一个月后再来看看吧。这本来是个托词，但没想到一个月后松下真的来了，那位负责人又推托说此刻有事，过几天再说吧。隔了几天松下又来了。如此反复多次，这位负责人干脆说出了真正的理由："你这样脏兮兮的，是进不了我们工厂的。"于是，松下幸之助回去借了一些钱，买了一件整齐的衣服穿上了又返回来，这人一看实在没有办法，便告诉松下："关于电器方面的知识你知道得太少了，我们不能要你。"两个月后，松下幸之助再次来到这家企业，说："我已经学了不少有关电器方面的知识，您看我哪方面还有差距，我一项项来弥补。"

这位人事主管盯着他看了半天才说："我干这行几十年了，头一次遇到像你这样来找工作的。我真佩服你的耐心和韧性。"松下幸之助的毅力打动了主管，他终于进了那家工厂。后来松下又以其超人的努力逐渐锻炼成为一个非凡的人物。

在具备高情商品格之人的眼里，失败不只是暂时的挫折，更是一次机会，因为挫折是要告诉你与成功的距离，锻炼你从容不迫的钢铁意志。找到自己的欠缺，补上这个缺口，你就增长了一些经验、能力和智慧，也就会离成功越来越近。世界上真正的失败只有一种，那就是轻易放弃，缺乏进取。

爱迪生曾长期埋头于一项发明。一位年轻记者问他："爱迪生先生，你目前的发明曾失败过一万次，你对此有何感想？"爱迪生回答说："年轻人，因为你人生的旅程才起步，所以我告诉你一个对你未来很有帮助的启示。我并不是失败过一万次，只是发现了一万种行不通的方法。"

何谓智者？以上爱迪生的回答就是能给我们许多启迪的智语。

谁都不喜欢失败，因为失败让我们自信心受创，更糟糕的是会对前途不抱什么希望。不过，一生平顺、没遇到失败的人，恐怕是少之又少，甚至应该是没有的。

几乎所有人都存在谈败色变的心理。然而，若从不同的角度来看，失败其实是一种必要的过程，而且也是一种必要的投资。数学家习惯称失败为"或然率"，科学家则称之为"实验"，如果没有前面一次又一次的"失败"，哪里有后面所谓的"成功"？

从企业经营的立场来看，绝大多数的老板都喜欢成功，然而，全世界著名的快递公司 DIL 创办人之一李奇先生，他对曾经有过失败经历的员工则是情有独钟。

每次李奇在面试即将走进公司的人时，必定会先问对方过去是否有失败的例子，如果对方回答"不曾失败过"，李奇会认为对方不是在说谎，就是不愿意冒险尝试挑战。李奇说："失败是人之常情，而且我深信它是成功的一部分，有很多的成功都是通过失败的累积产生的。"

如果我们眼中只有失败，那么心中也只能放下失败了，成功想站住脚都难。

美国人曾做过一个有趣的调查，发现在所有成功的企业家中，平均每位都有三次破产的记录。即使是世界顶尖的一流高手，失败的次数毫不比成功的次数"逊色"。例如，著名的全垒打王贝比路斯，同时也是被三振最多的纪录保持人。

其实，失败并不可耻，不失败才是反常，重要的是面对失败的态度，是能反败为胜，还是就此一蹶不振？杰出的企业领导者，绝不会因为失败而怀忧丧志，而是会回过头来分析、检讨、改正，并从中发掘重生的契机。

人生之路不会一帆风顺，任何人都逃脱不了这个"定律"，是崛起还是从此沉沦，命运之舵掌握在我们自己手中。人生短暂几十年，是要快乐生活，还是将自己埋没在痛苦失意之中，聪明的人怎么能让自己的一生在糊涂中走完？

决定成败的是面对困境的心态

在一部电影里，有一群大象，这群大象生活在一片荒原中，无忧无虑，无争无斗，安详和睦，幸福无比。然而即使这样，病魔还是不肯放过他们，有一天，它突然降临到这个象群中。

经过一番拼争，象群中的绝大部分都挣脱了病魔的纠缠。可是却有一只小象由于抵抗力比较差，一直没能恢复过来，眼看着就要撑不住而倒下。

然而，大象是不能倒下的，它一倒下，就会因为巨大的内脏之间彼此压迫而损伤自己。倒下，意味着置自己于死地。这就是大象以及其他庞大的动物从来都是站着睡觉而不肯躺下休息半秒钟的缘故。

于是，就在小象即将倒下的那一刻，大象们出现了，它们两个一组换班轮流着用自己的躯体夹住小象的身体，小象自己也凭着坚强的意志死死撑着，它们一起用自己的血肉之躯与命运抗争。终于，奇迹发生了，在大象群体的呵护下，小象慢慢恢复了元气，最后完全病愈。

通常情况下能打倒我们的不是困境本身，而是面对它时我们的心态。如果选择了倒下就等于放弃了希望与成功，意味着只能和失败为伍。

大文豪巴尔扎克说:"世界上的事情永远不是绝对的,结果完全因人而异。苦难对于天才是一块垫脚石,对于能干的人是一笔财富,对弱者是一个万丈深渊。"

在美国,有一位穷困潦倒的年轻人,即使把身上全部的钱加起来都不够买一件像样的西服的时候,仍全心全意地坚持着自己心中的梦想,他想做演员,拍电影,当明星。

当时,好莱坞共有500家电影公司,他逐一数过,并且不止一遍。后来,他又根据自己认真拟定的路线与排列好的名单顺序,带着自己写好的量身定做的剧本前去拜访。但一遍下来,500家电影公司没有一家愿意聘用他。

面对百分之百的拒绝,这位年轻人没有灰心,从最后一家被拒绝的电影公司出来之后,他又从第一家开始,继续他的第二轮拜访与自我推荐。

在第二轮的拜访中,500家电影公司依然全部拒绝了他。

第三轮的拜访结果仍与第二轮相同,这位年轻人又开始他的第四轮拜访。当拜访完第349家后,第350家电影公司的老板破天荒地答应愿意让他留下剧本先看一看。

几天后,年轻人获得通知,请他前去详细商谈。

就在这次商谈中,这家公司决定投资开拍这部电影,并请这位年轻人担任自己所写剧本中的男主角。

这部电影名叫《洛奇》。

这位年轻人的名字叫席维斯·史泰龙。现在翻开电影史,这部叫《洛奇》的电影与这个日后红遍全世界的巨星皆榜上有名。

类似的成功之人不胜枚举,他们之所以能从绝望中腾飞,从贫苦中奋起，都是因为少了一份自暴自弃，多了一点执着和坚毅，并对自己的能力深信不疑。

富兰克林当年的电学论文曾被科学权威不屑一顾，皇家学会刊物也拒绝刊登；第二篇论文又引来皇家学会的一阵嘲笑。他的论文被朋友们设法出版后，因论点与皇家学院院长的理论针锋相对，遭到这位院长的人身攻击。但富兰克林没有被挫折吓倒，没有放弃自己的科学信念，而是更积极地投入实验，以实践来证实自己的立论。他冒着巨大的生命危险进行了风筝引电的有名实验，终于获得了成功。于是，他的著作被译成德文、拉丁文、意大利文，得到了全欧洲的公认。

有个叫阿巴格的人生活在草原上。有一次，年少的阿巴格和他父亲在草原上迷了路。阿巴格又累又怕，到最后快走不动了。父亲就从兜里掏出5枚硬币，把一枚硬币埋在草地里，把其余4枚放在阿巴格的手上，说："人生有5枚金币，童年、少年、青年、中年、老年各有一枚，你现在才用了一枚，就是埋在草地里的那一枚，你不能把5枚都扔在草原里，你要一点点地用，每一次都用出不同来，这样才不枉人生一世。今天我们一定要走出去，你将来也一定要走出草原。世界很大，人活着，就要多走些地方，多看看，不要让你的金币还没用就扔掉。"在父亲的鼓励下，阿巴格走出了草原。长大后，阿巴格离开了家乡，成了一名优秀的船长。

遭遇逆境并不等于宣判我们命运的"死刑"，真正的法官永远是我们自己。只有我们自己才有资格对神圣的生命作出判决，而面对困境的心态会影响你手中的判笔。

挫折不等于失败

每个人都会遭遇挫折，但人生的困苦永远只是一时的，上帝不会让苦难跟随你一辈子，但如果你因此而丧失了斗志，那么只能辛苦一生了。

巴西足球队第一次赢得冠军回国时，专机一进入国境，16架喷气式战斗机立即为之护航。当飞机降落在道加勒机场时，聚集在机场上的欢迎者达3万人。从机场到首都广场不到20公里的道路上，自动聚集起来的人超过100万人。市长里奥·热奈罗晚出发了一会儿，竟然无法驱车去机场，他只得从官邸乘直升机前往。从机场到首都广场的途中，多数球员被请进豪华汽车，贝利和几个主力队员等则被人用手臂向前传递，4个多小时的路他们脚不沾地，一直被送进总统府。

多么宏大和激动人心的场面！然而前一届欢迎仪式却是另一番景象。

1962年，巴西人都认为巴西队能获本次世界杯冠军，然而天有不测风云，在半决赛中却意外地败给了德国队，结果那个金灿灿的奖杯没有被带回巴西。球员们悲痛至极，他们想象着迎接他们的将是球迷的辱骂、嘲笑和汽水瓶，因为足球可是巴西的国魂。

飞机进入巴西领空，他们坐立不安，因为他们的心里清楚，这次回国"凶多吉少"。可是，当飞机降落在首都机场时，映入他们眼帘的却是另一番景象。梅内姆总统和两万多球迷默默地站在机场，他们看到总统和球迷共举一幅大横幅，上书：失败了也要昂首挺胸。

队员们见此情景，顿时泪流满面。总统没有讲一句话，球迷们没有动，舷梯上，除了球员们徐徐地走下飞机，整个机场如凝固了一般。等球员们离开后，总统和球迷们才有秩序地各自回去。4年后，巴西队捧回了奖杯。

　　挫折并不等同于人生的失败,通常人们被困难击败的主要原因在于他们自认为可以被打败。而克服困难的一个最大诀窍,就是要学会相信自己可以击败困难。为了做到这一点,你的心理及精神就要不断地磨砺。

　　如果你可以克服困难,则困难就是激励你成长的要素。俄罗斯有一句谚语:"铁锤能打破玻璃,更能铸造精钢。"如果你像钢一样,有足够的坚强作为打造的品质,去克服人生中的困难,那么这些困难正好可以磨炼你的意志和力量。

第二节

事业情商：成功少不了情商的助力

情商高的人易于成功

一个高情商的人不仅在工作上易于成功，在生活中如沐春风，爱情上春风得意，更能带领团队向更大的辉煌迈进；高情商的人即使是个职场新人，也能获得良好的人际关系，为自己的晋升创造良好的条件。

有位老总平时看不出与别的老板有什么区别，但有一件事却让所有人都感叹他是个情商高手。

你瞧瞧他是怎样发红包的吧：

他把员工一个个叫到董事长办公室发奖金，常常在员工答礼完毕，正要退出的时候，他叫道：

"请稍等一下，这是给你母亲的礼物。"

说着，他又给员工一个红包。

待员工表示感谢，又准备退出去的时候，他又叫道：

"这是给你太太的礼物。"

连拿两份礼物，或者说拿到了两个意料之外的红包，员工心里肯定是很高兴的，鞠躬致谢，最后准备退出办公室的时候，又听到董事长大喊：

"我忘了，还有一份给你孩子的礼物。"

第三个意料之外的红包又递了过来。

真不嫌麻烦，四个红包合成一个不就得了吗？

可是，合在一起，员工会有意外之喜吗？

这位老总真不愧是位出色的领导，其实他并没有多花一分钱，就买到了员工的心。

在平常，他派员工去做事情，做完了也会来一个意外的奖励，虽然那是员工分内之事。

有一回，总务部的办事人员把一个不小心写错了价格和数量的商品邮件寄了出去，董事长知道后，马上命令另一个员工将它取回来。

可是，要在那么多的邮筒当中找一份邮件谈何容易。"我怎么知道他投在哪一个邮筒里了，别人犯下的错误为什么要我去给他收拾？没道理的。"这个员工小声地发着牢骚。

"我想他很有可能是投在附近的邮筒中了，附近邮筒的邮件全部集中在船厂邮局，你先去那里看看吧。"

董事长都这样提醒了，他也只好去了。那个员工在船厂邮局果然找到了那份邮件，并把邮件放在了董事长的面前。

"辛苦了，"这位老总露出欣喜的微笑，"这是给你的礼物。"

他拿出一份精美的礼物奖赏给那个员工。

原本一肚子牢骚的员工，再也没有牢骚了，反倒充满感激。

其实，这份礼物也不见得破费多少。

这位能让员工做事之后还心怀感激的老板，真是罕见的情商高手。有这样一位老板是员工的福气，当然受益最大的还是他自己——

只有如此他才能获得更大的利益，取得更加不平凡的成绩。

说到情商之高，不得不提到一位人物，他就是战胜许多不利条件而最终取得辉煌的罗斯福总统。

他是一个真正的公关高手，懂得如何引导公众舆论的走向。他当上总统后立刻加入了新闻俱乐部，以此拉近与新闻记者的距离。他对每一个采访他的记者都一视同仁、以诚相待，和新闻界建立起一种合作互助的关系。记者们不断从他那里得到真实、权威的消息，他则借助媒体将他的决策、政见传达给公众，有效地控制了舆论走向。维护总统的形象，似乎成了记者们的义务。罗斯福在国内政敌如云，经常遭到来自各方的猛烈抨击，但是他因小儿麻痹症导致的残疾形象几乎从未见报，就连最乐于捕捉花边新闻的记者也从未将他在轮椅上被人抬来抬去的镜头拍下来，他在公众心目中始终保持着高大、坚强、富于人情味的形象。

为了从情感上赢得公众的支持，罗斯福入主白宫后发表了一次广播讲话，他一改过去播音时正襟危坐的做法，而采取了围坐在壁炉边拉家常的形式，在轻松的气氛中分析局势，畅谈政见。这种讲话方式让公众感到十分亲切，被人称为"炉边谈话"。第二次世界大战爆发时，美国国内反战呼声很高，罗斯福以炉边谈话的方式安抚对战争心有余悸的国民，向他们保证美国不会介入冲突。但是，当法西斯暴行愈演愈烈时，罗斯福在炉边谈话中号召国民抛开同法西斯势力和平共存的幻想，随时作好战争准备。他的呼吁从情和理两方面都得到了多数国民的支持，得以两次修改中立法以适应形势的需要。当战火终于从珍珠港烧向美国时，罗斯福再次发表炉边谈话，到了这时候，"美国参战"不仅是总统的命令，也是公众的强烈呼声。

在罗斯福走向成功的过程中，情感因素起到了非常重要的作用，情商中的各项能力在他身上得到了近乎完美的体现。

工作中的高情商绝不是指单纯的认真、辛苦，甚至把工作当作生活全部，这样的人并不就是成功的人。

有三个商人，他们死后一起去见上帝，讨论他们在世时的功绩，并请上帝打分。

第一个商人说："尽管我经营的生意很不理想，公司差不多快倒闭了，但我和我的家人都不在意，我们把钱看得很轻，我们生活得很愉快。"

上帝给这个人打了 50 分。

第二个商人说："我的大部分时间都花在生意上，很少有时间和家人待在一起，我只关心我的生意，在我死之前，我已经是亿万富翁了。"

上帝给他也打了 50 分。

第三个商人说："我在世时，虽然每天都忙于生意，但我更看重家庭，尽力抽时间照顾家人和陪伴家人。我的朋友也很多，我和他们很谈得来，我们经常去打高尔夫球，在娱乐中把生意就谈成了，我觉得活在世上很有意义。"

这个人得了 100 分。

除了工作，还有顾及家庭和朋友，这是上帝打分的原则。

高情商的人除了能把工作做得出色，还会调整好家庭与工作的关系，他们清楚这二者如何在自己的调理下和谐发展。

情商的高低直接关系到一个人事业能否成功、成就的大小，在懂得了情商的内容之后，我们或许可以学习一下，让自己的情商得到提升。

绝不做情绪决策

所谓情绪决策就是指我们不够理智与冷静,而是从一时冲动、个人喜好等来决策。这是做领导最忌讳的一点,也是情商不高的表现。

有一户人家的院子里种了一棵 15 年的老枣树,不料秋天的一场暴风雨把这棵树连根拔起。全家人又重新栽好它,可惜冬天一到,枣树不仅树叶掉得精光,连树皮也一块一块地脱落,好像一点儿希望都没有了。父亲刚好想弄些柴火,就把它锯断了。

到了春天,他惊异地发现,树桩上又萌发了一丛丛嫩芽,新绿新绿的。于是他很后悔地说:"我以为这棵树死了,但现在才知道,它还活着,早知道我真不该锯掉它。"

我们不要在情绪不佳的时候作出消极的决策,因为人在情绪不稳定时作出结论,多半会在日后付出惨重的代价。企业家背负着整个企业的命运,在情绪不稳定的时候,更应该想办法冷静下来,在冷静下来之前,不要做任何重要的决定,这才是明智的。

但依然有的领导喜欢一生气就拍板"就这么定了!",须知这背后隐藏着多么大的隐患。

为了作出正确的决策,首先必须认真考虑决策所依赖的事实依据。事实是指决策对象客观存在的情况,包括决策者对这种情况的客观了解和认识。事实是决策的基本依据,而领导个人的喜恶与情绪绝不能替代实际情况。在决策中,只有把决策对象的客观存在情况搞清楚,才能真正找到目标与现状的差距,才能正确地提出问题和解决问题。否则,如果事实不清楚,或者在对事实的认识和了解中掺进了个人偏见,不管是说得过好还是过坏,都会使决策失去基本依据,造成决策从根本上的失误。这种情况在实际中并不少见。

古时候,在今山东省邹县一带曾有一个名为邾的小国。这个国家的将士所穿的战袍,一直用帛为原料。

因为用帛缝制的战袍不结实,所以邾国有个名叫公息忌的臣属向邾君建议说:"做战袍还是以丝绳作原料为好,战袍耐用的关键之一在于缝制必须严实。虽然用帛缝制的战袍从外观上看也很严实,但是由于帛本身不大结实,我们只需一半的力气就可以把它撕开。如果我们先把丝绳织成布,再用丝绳布制作战袍,即使你用尽全身的力气去撕它,也不能把它撕破。"

邾君觉得公息忌的话很有道理,但是担心一时找不到这种原料,因此对公息忌说:"缝制战袍的人上哪儿去弄那么多的丝绳布呢?"

公息忌回答说:"只要说是国君想用丝绳布,老百姓还有生产不出来的道理吗?"邾君看到改变邾国多年沿用的以帛做战袍的传统并不困难,于是说了一声:"好,就按你的想法去办吧!"随后邾君下令全国各地的官府立即督促工匠改用丝绳布做战袍。

公息忌知道邾君的政令很快就要在各地施行起来,所以叫自己家里的人动手去搓丝绳。那些因为公息忌在君王面前露了脸而妒忌他的人,看到公息忌家里的人又走在别人前面搓起丝绳来了,于是借故到处中伤他说:"公息忌之所以要大家用丝绳布制作战袍,原来是因为他家里的人都擅长制作丝绳的缘故!"

邾君听了这种说法以后很不高兴。他马上又下了一道命令,要求各地立即停止丝绳布的生产,还是按老规矩用帛做战袍。

邾君没有看到决策后的效果,仅以一些流言蜚语来决定政策的做法显然是不明智的。

判断一个领导的言行是否正确,不能以某领导自己的好恶为标准,而应该看一看它是否符合全公司的整体利益,以及是否具有卓越的市场价值。

没有冷静的分析,就不会有正确的决策。因此,作为一个单位的领导者,无论何时何地,无论遇到多么危急的情况,都要保持冷静的头脑,作出正确的决策。

第三节

情爱情商：好爱情是经营出来的

爱要用沟通来表达

一把坚实的大锁挂在大门上，一根铁杆费了九牛二虎之力，还是无法将它撬开。钥匙来了，他瘦小的身子钻进锁孔，只轻轻一转，大锁就"啪"的一声打开了。

铁杆奇怪地问："为什么我费了那么大力气也打不开，而你轻而易举地就把它打开了呢？"

钥匙说："因为我最了解他的心。"

每个人的心，都像上了锁的大门，任你用再粗的铁棒也撬不开。唯有关怀，才能把自己变成一只细腻的钥匙，进入别人的心中，了解别人。

恋爱中的男女和婚姻生活里的夫妻，有谁不希望了解对方的心呢？有人说人心最难测，确实如此，本来很相爱的双方，如果因不善沟通而导致劳燕分飞，那真是令人扼腕叹息的事。

婚姻使处于两个不同家庭中的男女走到一起，开始了后半生的生活，这就意味着在认识、结婚以前，你和你的爱人都已经有了自己的生活经历，都已经形成了自己的人生观、价值观。这样的两个成年男女为了爱、为了家庭走到了一起，如果在婚后不能及时地进行更深刻、更全面地了解与沟通，要想幸福是很难的。

然而，沟通并不是如想象的那般容易，良好的沟通可以使夫妻建立起信任、理解，使彼此更加亲密。而那些缺乏技巧的沟通，却往往会得到相反的效果。

一对夫妻在下班回家之后，出现了沟通障碍的情节：

"啊，亲爱的，你回来了，今天工作忙吗？"妻子说。（表示关心，并询问对方的情况。）

"没什么。"丈夫回答。（不予明确回答。）

"好啊，那么你帮我洗菜好吗？"（提出要求。）

"我今天累极了！"（不明确予以答复，给出一个模糊的理由。）

"亲爱的，今天有什么事，工作不顺利？给我讲讲好吗？"（又提出询问。）

"没什么，告诉你也帮不了什么忙。"对方小声咕哝一句。（又不予以明确答复。）

"待会儿有几个客人要来，我累了半天了，你帮我……"（又提出要求。）

"好吧，好吧。"丈夫不耐烦地打断了妻子的话。（不想听爱人的陈述。）

夫妻闷闷不乐地干起了活，客人来了，夫妻俩殷勤招待，两人都累得够呛。

客人走了，妻子面对杯盘狼藉的残局："亲爱的，帮我……"

这时丈夫终于忍不住了："帮你，帮你，你当我是机器人啊！我天天上班累得要死,晚上还得加班干。你把我当什么了?"这时妻子也火了:"我早就问你有什么事,你不说,现在你发什么脾气。这家务活就该我一个人干?这个家就是我一个人的吗?……"于是双方怒气冲天地抱怨起来。

像上面的这种事例,实际生活中有许多。丈夫抱怨妻子的唠叨,妻子埋怨丈夫对她不够重视、不愿说话。

绝大多数的丈夫是"闷葫芦"型,有了不顺心的事,尤其是失落的情绪,不愿意对妻子谈论,宁愿一个人扛着。

往往丈夫出于好意不说话——因为不想让坏情绪影响妻子,但却收不到意想之中的效果。因为丈夫越不吭声,妻子越好奇,于是好问,在得不到对方的答复后,妻子情绪往往失控,于是喋喋不休的抱怨接踵而来。

沟通是一门学问,需要技巧,不善沟通的人们只会感到对方与你不在同一世界,认为对方不理解你,而一个不想沟通或直接把心事往心里藏的人,也不会有甜蜜的生活。

只有沟通才能促进彼此间的理解,也只有沟通好了,对方才能感到你对他/她的爱意。

根据统计,男人用语言来表达客观事实与资料,女人除了用语言表达客观事实与资料之外,还用它来表达思想与情感,女人对语言的使用有天然的优势,但是男人就不太喜欢使用语言表达思想与情感,他们需要某种程度的训练才能勉强表达。有时,谈话本身也是妻子在婚姻中需要得到满足的一项重要需求,有时候她只不过想和丈夫说说话而已,但是,做丈夫的切莫仅仅认为沟通不过是说说话而已,其实里面大有学问,在与妻子谈话时,最好不要忘记以下几点:

常常回忆恋爱时两人在一起谈话的情形，在婚后仍然需要表现出同样程度的爱意，尤其要将你的感受表达出来。

女人特别需要跟她认为深深关怀、呵护她的人谈话，以表达她对事物的关切与兴趣。

每周有 15 个小时与另一半单独相处，试着将这段时间安排得有规律，成为一种生活习惯。

多数女人当初是因为男人能有时间与她交换心里的想法与情感，才爱上他的，如果能保持这样的态度与心意，继续满足她的需求，她的爱就不会褪色。

爱需要两颗心的碰撞，也需要两颗心的交流，这样才会有夺目的光芒。

爱是要双方用心经营的，经营不善的结果也和公司一样——倒闭，受害的甚至不仅仅是当事人双方。

理解对方的角色转换

一个家庭中无论是男性还是女性，一般都身兼数职：父亲、儿子、丈夫；母亲、儿媳、妻子等。如何处理好家庭成员之间的关系，成为我们每个人关注的焦点。

正因为这种身兼多职的因素，使得我们面对不同的对象展现不同的自己，作为配偶一方需要有一颗理解对方角色转换的心。

理解对方的角色转换，避免因此而产生沟通障碍与激烈的矛盾，其中尤其要做到的是接受"恋爱"到"结婚"的角色转变，以及互相理解。

胡波和刘庆结婚才半年多，就开始整天闹别扭了。他们没有了以前的花前月下、卿卿我我，原来的海誓山盟也早已被抛在脑后。不久，他们竟然也像其他夫妻那样，渐渐过上了"大吵三六九，小吵天天有"的生活，而这种生活，恰恰是原来被他们耻笑和鄙夷的。

在争吵的时候，他们不经意地触碰到了离婚的话题。"离婚"这两个字眼，最初说出来时他们两人都感到很惊诧，但时间一长也就"见怪不怪"了，成为他们吵架时经常挂在嘴边的"口头禅"。

大概真的像人们所说："初恋时，我们还不懂爱情。"在胡波和刘庆之间，恋爱时都把对方偶像化了，把缺点也当作优点，认为对方就是"天底下最完美的人"，无视一切对自己生活有可能产生不利影响的因素。

在恋爱的时候，他们像其他人一样，过高地评价了彼此的爱情，在如痴如醉的感情刺激和互相讨取欢心的最佳表现下，没有能力辨别、分析对方的实际状况。

可是，结婚以后，柴米油盐酱醋茶，很现实的问题摆在面前，生活不再有那么多的诗情画意。而且，冲动已渐趋平淡，激情被常情取代。所以彼此间才会变得心灰意懒，精神振作不起来，而且常常互相挑剔和指责。

恋爱是激情和理想的宣泄，婚姻则是平凡而现实的生活。恋爱和婚姻并不完全一样，只有进行适当的转变，才能有效避免婚姻的困惑。

像胡波和刘庆这种状况，是许多夫妻都曾经历过的，幸运的是绝大多数夫妻很快意识到问题的严肃及时作了调整，理解彼此的角色转换，并由此适应了新的生活，开始用新的眼光重新审视彼此。

对于角色转换的适应，还要求夫妻间要有足够的信任与理解。

有句英国谚语说："要想知道别人的鞋子合不合脚，穿上别人的鞋子走一英里。"这句谚语讲的就是同理心。

同理心一词原来是美学理论家用以形容理解他人主观经验的能力。现在，我们普遍认为同理心是个心理学概念。它的基本意思是说，你要想真正了解别人，就要学会站在别人的角度来看问题。

沟通中，同理心占据着非常重要的位置。

在生活中，当与爱人发生矛盾的时候，你的伴侣会说："如果是你，你会不会也和我一样呢？"他在要求你设身处地地为他着想，他是不得已而为之的。这便是同理心。

充分理解彼此所扮演的角色，并在家庭生活中理解、信任对方，才是维系宁静与温馨家庭的方法。

懂得控制负面情绪

不要以为他／她是你的爱人，你就可以毫不负责任地把你的烦恼全甩给他／她。

常常听到一些男女冲对方大吼："我在外边受了那么多委屈，我不对你讲，对谁讲？"毫无顾忌的情绪只会令你们的关系陷入紧张的状态，因为任何一个人都不是你情绪的免费垃圾站。

吉布林和他舅舅打了维尔蒙有史以来最有名的一场官司。

吉布林娶了一个维尔蒙的女子，在布拉陀布造了一所漂亮的房子，准备在那儿安度余生。他的舅舅比提·巴里斯特成了他最好的朋友，他们俩一起工作，一起游戏。

后来，吉布林从巴里斯特那里买了一块地，事先商量好巴里斯特可以每季度在那块地上割草。一天，巴里斯特发现吉布林在那片草地上开出一个花园，这样他就无法得到预想的一车干草了，他生起气来，暴跳如雷。吉布林也反唇相讥，弄得维尔蒙绿山上乌云笼罩。

几天后，吉布林骑自行车出去玩时，被巴里斯特的马车撞倒在地。这位曾经写过"众人皆醉，你应独醒"的名人也昏了头，告了官。巴里斯特被抓了起来。接下去是一场很热闹的官司，结果使吉布林带着妻子永远离开了美丽的家。而这一切，只不过为了一件很小的事———一车干草。

人际关系紧张往往是因为不能控制自己的情绪而造成的，如果我们能够掌控自己的情绪，那么我们就更容易掌握爱情的命运。每一个幸福的人都是能够控制自己情绪的高手，他们不会被自己的情绪所左右，所以，幸福更容易得到。

于负面情绪，有人采取克制自己感情的办法，尽量不让负面情绪流露出来。但是，这种做法只能收到暂时的效果，对负面情绪的一次次压抑其实就是一次次积累，天长日久，被压抑的负面情绪必将以某种更为激烈的方式爆发出来，从而导致更为可怕的后果。人区别于机器的一个重要特征就是拥有生动、丰富的情绪，对各种情绪的体验能使人生变得多姿多彩，生命变得更成熟。从不流露喜怒哀乐的人是呆板、僵化、毫无情趣的机器人，强行压抑自己的情绪，等于把活生生的自己变成一个木偶、一座因情绪积压过多随时可能爆发的火山。一味压抑自己的情绪不是高情商的表现，恰恰说明了情商的极度低下。

强行压抑情绪，还会给人的身体健康带来很大的危害。人体某些组织器官的活动是随着情绪的变化而变化的，如心脏搏动，血管、汗腺的变化，胃肠、平滑肌的收缩，激素的分泌，等等。这些生理活动随着情绪的变化而变化，不受人的主观意志控制。对负面情绪的压抑实际上只是对外部行为、表情、言语的控制，并不能改变由负面情绪引发的一系列有害健康的生理变化。

负面情绪产生之后从来不会无缘无故地消失，它一定会找到一个发泄的地方。情绪发泄的途径通常为言语、行动、表情等，如果这些向外的途径受到限制，情绪的激流就会在体内寻找发泄的地方。在强烈的情绪刺激下，人的机体处于高度兴奋的应激状态，交感神经也兴奋起来，消化活动受到抑制，肝脏释放出糖，肾上腺素分泌激增。负面情绪之所以危害健康，是因为在一系列剧烈的生理变化之后，人体内部会产生巨大的能量，体内激增的能量如得不到及时发泄，就会使人体内部娇嫩的组织器官受到伤害。

如果你是个不易控制情绪的人，不如在事情发生并引发你的情绪时，赶快离开现场，让情绪平息以后再回来；如果没有地方可暂时"躲避"，那就是深呼吸，不要说话，这一招对克制生气特别有效。同时，寻找你生气的原因也是必不可少的。情绪陷入低潮时，我们会不自觉地压抑情绪，会迁怒于你的爱人。很多情况下当你一直受困于某种负面情绪时，就必须改变想法，想想造成你不良情绪的是否有其他原因，而不要只是一味地钻牛角尖。

只要找到原因，就会有办法处理情绪。当找到悲伤的情绪时，怒气就会慢慢消失，你也会变得宽容了。心情恢复平静后，负面情绪也就烟消云散了。

图书在版编目(CIP)数据

情商 / 叶枫著 . -- 北京：中国华侨出版社，2020.1（2020.8 重印）

ISBN 978-7-5113-8096-8

Ⅰ．①情… Ⅱ．①叶… Ⅲ．①情商—通俗读物 Ⅳ．① B842.6-49

中国版本图书馆 CIP 数据核字（2019）第 283336 号

情商

著　　者：叶　枫
责任编辑：黄　威
封面设计：冬　凡
文字编辑：胡宝林
美术编辑：吴秀侠
经　　销：新华书店
开　　本：880mm×1230mm　1/32　印张：6　字数：135 千字
印　　刷：三河市京兰印务有限公司
版　　次：2020 年 6 月第 1 版　2021 年 10 月第 7 次印刷
书　　号：ISBN 978-7-5113-8096-8
定　　价：35.00 元

中国华侨出版社 北京市朝阳区西坝河东里 77 号楼底商 5 号 邮编：100028
法律顾问：陈鹰律师事务所
发 行 部：（010）88893001　　　传　　真：（010）62707370
网　　址：www.oveaschin.com　　E-mail：oveaschin@sina.com

如果发现印装质量问题，影响阅读，请与印刷厂联系调换。